米軍再編

日米「秘密交渉」で何があったか

久江雅彦

講談社現代新書
1818

目次

序章　伏せられた宿命の論点

千載一遇の好機

日常の生活で、安全保障の重要性を意識する機会はほとんどない。

一九九九年九月、第二次世界大戦で最大級の激戦地となった硫黄《いおう》島を訪れた日のことを、私は今も鮮明に覚えている。硫黄島は、東京から千二百五十キロの太平洋上に浮かぶ火山の孤島である。旧日本軍守備隊はこの地で、補給物資を完全に遮断されたまま四十日間にもおよぶ死闘を繰り広げ、日本兵約二万人、米兵六千八百人あまりが命を落とした。日本軍は、硫黄ガスの臭気が満ち、五十度を超える炎熱の地中に、全長十八キロにも達する地下壕を張り巡らせて戦いに備えたが、米軍は大量の兵力を投入し、火炎放射器やガソリンで地下壕を焼き尽くしていった。

日本兵は一日わずか一リットル、必要量の三分の一足らずの水しか与えられず、最期の日をただ引き延ばすためだけの、絶望の戦いを強いられた。海岸には今も薬莢《やっきょう》がころがり、無数の砲弾で焦土と化した島を緑化するために植えられた合歓《ねむ》の木の間からは、赤錆《さ》びた大砲の砲身が顔をのぞかせている。

この絶海の島には現在、航空、海上両自衛隊が駐留している。その滑走路は米空母艦載機の夜間離着陸訓練にも使われる一方、滑走路の下にはまだ無数の日本兵の遺骨が眠ったままだ。第二次世界大戦は、この硫黄島を含む太平洋を主戦場として、国家と国民を悲劇に導いてしまった。時空を超えて島全体に広がる死闘の残影は、外交・安全保障政策の誤りと破綻の結末を私に突き付けた。

硫黄島を占領して星条旗を摺鉢《すりばち》山の頂上に掲げる六人の海兵隊員の姿は、米国でもっとも有名な戦争シーンのひとつである。首都ワシントンに建立されたその巨大なモニュメントは、今も米国の「不屈の魂」を象徴する瞬間として、多くの米国民を引き寄せてやまない。硫黄島陥落の主力部隊となった海兵隊が、現在の在日米軍の大半を構成しているのは歴史の皮肉か、必然なのか。

日米安保体制に対しては、今も日本国内で否定的な見方が残っている。ただ、両国の同盟関係が、これまで日本の経済発展を下支えして、平和と安全を確保してきた側面は否めないだろう。在日米軍はその日米同盟の核心である。

在日米軍の存在は、冷戦後の現在も新たな安全保障環境への対応で不可欠なのかもしれない。一方で、何万人もの外国軍隊を何十年にもわたり駐留させることが、はたして正常な二国間関係と言えるのだろうか。

硫黄島を訪れてから二年後の二〇〇一年九月十一日、ニューヨークの世界貿易センタービル、首都ワシントンの国防総省（ペンタゴン）などを標的とした米中枢同時テロが起きた。私は当時、共同通信社のワシントン特派員だった。ペンタゴンに向かう途中の車窓から目に飛び込んできた黒煙と燃え上がる炎、絶え間ない救急車のサイレン音とヘリコプターの爆音、殺気立つワシントンの空気を忘れない。

歴史は一瞬にして変わる。9・11を境に、世界の安全保障地図が塗り替えられた。冷戦構造の崩壊と一九九〇年代に急速に進んだ軍事技術革命（RMA＝Revolution in Military Affairs）を背景に、9・11が引き金となって、ブッシュ政権は米軍のトランスフォーメーション（変革）に本格的に乗り出した。米国内外の基地再編は、この変革の流れと軌を一にした動きである。

日本の安全保障は、在日米軍およびその来援部隊による攻撃力と情報力、そして核抑止力に大きく依存している。自衛隊は「専守防衛」の原則から基本的に敵地攻撃を行わない「盾」であり、「矛」の役割は米軍に委ねている。したがって、日本の平和と安全は、在日米軍とその背後にある米国の軍事戦略を抜きには語り得ない。在日米軍は、占領時代の残《ざん》滓《し》とも見なされながら、誰も抜本的な見直しに着手してこなかった。戦後の日本が内包してきた宿命の論点と言えよう。

一方で、日本政府は「世界の中の日米同盟」という言葉のもとで、イラクへの自衛隊派遣に代表されるように、自衛隊の活動範囲や任務・役割を拡大させてきた。日本政府は国家の屋台骨である安全保障の将来像をどのように描くのか――。米軍の再編問題は、日米安保条約はどうあるべきか、日米同盟の今日的な意義、役割は何か、さらには米軍と自衛隊の関係をゼロから問い直す、千載一遇の好機になる可能性を秘めていた。だが、その重要性が政府によって国民に十分説明されてきたとは言えない。

密室での迷走

小泉純一郎首相は二〇〇五年八月八日、郵政民営化関連法案の参院本会議での否決を受けて、「国民の信を問う」とただちに衆議院の解散を決めた。自民党が発表した衆院選マニフェスト「自民党からの120の約束」(副題は「郵政民営化こそ、すべての改革の本丸」)は、総ページ数三十二ページ。行財政改革、経済政策、外交・安全保障などの各分野別に百二十項目が並んでいる。この中で在日米軍再編問題は、「米軍再編を通じ、日米防衛協力を強化するとともに、沖縄をはじめとする基地の地元負担を軽減する」と記述されたのみで、決着への道筋にも具体論にもまったく触れていない。

最大野党の民主党のマニフェストも、この点では変わりない。「信頼と対等のパートナーシップに基づき、日米関係を進化させます。日米同盟の安定化を前提に、国際公共財としての価値を高めるとともに、地位協定の改定や米軍基地の移転について問題解決をめざして取り組んでいきます」。

九月十一日の衆院選で自民、公明両党は全議席の三分の二を上回る三百二十七議席を獲得して、小泉の続投が決まったが、日本の安全保障政策と密接不可分の在日米軍再編問題は争点として全国的な広がりを見せなかった。再編の具体案が表向き秘せられていたため、米軍基地を抱える選挙区でも論争は鋭さを欠いた。

日米の外務、防衛担当閣僚による二〇〇二年末の日米安全保障協議委員会（通称2プラス2）で兵力構成見直しの検討に合意してから、まもなく三年目の冬を迎えようとしていた。

当初、ブッシュ政権の日本に対する期待は大きかった。再編協議がはじまってまもない二〇〇三年五月上旬、ワシントンのホワイトハウスで開かれた会議で、経済力や地政学的な位置、科学技術力、人口などの基準を列挙して同盟国の能力を順位付けた極秘の資料が配付された。日本は最高ランクだった。ラムズフェルド国防長官はブッシュにこの資料を手渡して、「われわれが好むと好まざるとにかかわらず、米国にとってアジアでグローバルパートナーになり得る国は日本しかない」と説いている。米国は在日米軍再編を、自衛隊との連携強化に向けた一里塚と位置付けていた。

一方、日本政府は米国の攻勢にボールを投げ返せないまま、受け身の姿勢に終始してきた。米陸軍第一軍団司令部（ワシントン州）のキャンプ座間（神奈川県）への移転、横田基地（東京都）にある米第五空軍司令部のグアム移転、沖縄に駐留する海兵隊部隊の日本本土移転など、さまざまな構想が米国側から提示されたにもかかわらず、日本政府は「何ら具体的な提案はない」「米国と自由な意見交換をしている」と繰り返し、提案の内容を公式には一切伏せてきたのである。

政府内でも、情報管理の名のもとで、米国の提案や日本側の対案の詳細が、軍事的な知見を有する自衛隊サイドなど必要部署にすら知らされない状態が長く続いた。政治が総力をあげて取り組んできた形跡もなく、交渉にのぞんだごく一握りの官僚たちの場当たり的な対応が、問題を複雑にし、協議を長期化させた。

国民の目に触れることのない密室で、どのような攻防が繰り広げられてきたのだろうか。

米国の期待と失望

「穴を掘り続けることはやめなければならない（We have to stop digging a hole)」

米政府高官は出口の見えない交渉を打開しようと日本側をこういさめた。これは、道路に穴をあけて悪くすることから転じた言葉で、日米ともに自ら状況を悪化させることはやめようじゃないかという意味がある。実体が伴わない演技のような日本側の対応に対して、「もう歌舞伎プレーは観たくない」と皮肉りもした。日本政府は「秘密主義」を貫いた反動で、国内ではマスコミや関係自治体から、情報の開示をめぐり、強い不信感をあらわにされた。在日米軍再編をめぐる協議は暗礁に乗り上げてしまう。

別の米政府高官は近年の日米安全保障関係をハードル競走にたとえ、再編協議の行き詰まりに失望感といら立ちを隠さなかった。9・11後の政治的な連携が最初のハードル、アラビア海への自衛隊派遣が二つ目、イラク戦争後の自衛隊イラク派遣が三つ目、そして最後のハードルとなった在日米軍再編協議で日本は転倒して、「金メダルを逃し、アマチュア選手に逆戻りしてしまった」。

米政府高官の言葉を待つまでもなく、小泉政権は発足以来、対米関係を何よりも最優先させて、同盟強化の道をひた走ってきた。米中枢同時テロを受け、イージス艦を含む海上自衛隊艦船をアラビア海に派遣した。二〇〇三年三月に火蓋を切ったイラク戦争後には、航空自衛隊のC130輸送機に加え、サマワへの陸上自衛隊部隊の投入にも踏み切った。海上自衛隊派遣は国際的なテロ掃討作戦への協力であり、陸上自衛隊の活動はイラク国民の人道復興支援であると小泉政権は強調しているが、いずれも対米関係に最大限の配慮を払った結果であることは論をまたない。

ところが、在日米軍再編協議を通じて、ブッシュ政権の日本に対する期待は落胆に反転する。米国は当初二〇〇三年秋、その後二〇〇四年中の決着を目指して協議の加速を促してきたが、日米交渉は迷走を続けた。

私は二〇〇二年十二月にワシントンで開かれた2プラス2を現地で取材して以来、再編の行方に関心を抱いてきた。米政府当局者の話を踏まえて、「米、アジア防衛見直しへ」という見出しで、米政府が在日米軍再編を本格的に検討する方針を固めたとの記事を書いたのは、2プラス2が開かれた翌〇三年の二月末のことである。再編の背景には、ブッシュ政権が進める安全保障戦略の転換と在韓米軍の削減方針があること、日米間の協議では米軍と自衛隊の相互運用性（インターオペラビリティ）の確保や、陸、海、空各自衛隊の統合運用の強化などが重点的に検討されることなどを列挙した。

その後、この話はイラク戦争と自衛隊イラク派遣問題の陰に潜み、国会や各メディアがふたたび再編問題を取り上げはじめたのは、米陸軍第一軍団司令部の日本移転構想を報じた二〇〇四年三月を過ぎてからだった。

なぜ協議は難航をきわめたのだろうか。日本政府はどのような姿勢で対米交渉に臨んできたのか。米軍再編に秘められた米国の思惑と狙いは何なのか。迷走の軌跡をたどると、ベールに包まれた攻防の隙間からは、安全保障をめぐり日米間に横たわる認識の落差と日本外交の構造的な問題が照射されてくる。

在日米軍の来歴

はじめに、米軍がいったいどんな経緯で、何を根拠に日本に駐留しているのか、ごく簡単に整理しておこう。日本における安全保障の議論では、政府見解や国会答弁の一貫性を最優先させる行政の慣例から、歴史的に本音と建前が交錯してきた。本音を正確に知るためにも、まず主な事実関係と建前を押さえておく必要がある。

米国は日米安全保障条約（正式名称は「日本国とアメリカ合衆国との間の相互協力及び安全保障条約」）の第五条と第六条を根拠として、日本に自国の軍隊を駐留させている。第五条は、日本に対する武力攻撃があった場合に、日米両国が共同して対処することを規定したものだ。第六条は、「日本国の安全に寄与し、並びに極東における国際の平和及び安全の維持に寄与するため」、日本が施設・区域を提供して、米国が軍隊を日本に駐留させることができると定めている。ようするに、米国が日本の防衛、極東の平和と安全に関与するかわりに、日本は基地を提供する義務を負っているのである（第六条は通称「極東条項」と呼ばれ、後でくわしく述べるように、その解釈をめぐってはさまざまな議論がなされてきた）。

これに加えて、安保条約を円滑に運用するために、施設・区域の提供の手続きをはじめ、米軍の駐留に関するさまざまな側面については、「日米地位協定」が結ばれている。在日米軍の駐留は、一九九六年の日米共同宣言の中でも「日米安保体制の中核的要素」と確認されており、日米関係の根幹をなすといっても過言ではない。

米国防総省や在日米軍司令部の資料によると、日本には二〇〇五年六月末時点で約三万七千人の米兵が駐留している。米国外に約四十万人あまりが展開する米軍のうち、多国籍軍の主要部隊として一時的に大量投入しているイラクを除けば、日本はドイツに次いで世界で第二位（韓国の駐留米軍とほぼ同数）というきわめて多い人数だ。

在日米軍は第二次世界大戦後の占領軍の延長線上にある。一九四五年八月十五日の無条件降伏に続いて、九月八日から占領軍の東京進駐がはじまった。終戦直後の占領期には、約四十三万人の米軍が駐留していたが、五〇年に朝鮮戦争が勃発すると、このうち主力の四個師団が国連軍として朝鮮半島に移動展開する事態となった。戦後まもない日本国内の治安維持に不安を感じた連合国軍最高司令官総司令部（GHQ）は、この年に警察予備隊を発足させる。

一九五一年九月八日、日本はサンフランシスコ平和条約の締結により、悲願だった独立を回復する。同時に、吉田茂首相は「日本国とアメリカ合衆国との間の安全保障条約」（旧日米安保条約）に署名し（翌五二年四月発効）、占領軍としての米軍はその後、安保条約に

日米安保条約に署名する吉田茂首相。後方右からアチソン国務長官、ダレス全権（写真提供：共同通信社）

基づく「在日米軍」として引き続き日本に駐留することになった。

朝鮮戦争の真っただ中にあった当時、吉田政権は、日本の平和と独立を確保するためには、占領軍だった米軍の継続的な駐留が不可欠と考えていた。この情勢判断のもとで、旧日米安保条約は締結された。このとき自衛隊はまだ発足していない。自衛隊は、警察予備隊から一九五二年に改編された保安隊を経て、五四年に産声を上げた。

戦後の日本で長年にわたり国防論議がタブー視されてきたのは、第二次世界大戦参戦から敗戦までの反省と教訓、トラウマに加え、自国防衛のための自衛隊が発足する以前から、占領軍が在日米軍として継続して駐留した経緯と無縁ではないかもしれない。

日本の基地を手放したくない理由

在日米軍は、日本防衛と極東の平和と安全を守るために存在していると規定されている。しかし、当然のことながら、米国にとっては全世界に前方展開している軍隊の一部に過ぎない。したがって、日本が米国の防衛義務を負わない日米安保条約の片務性や、同盟国として日本の果たしうる軍事的役割の限界などから、日本の安全保障専門家の間では、「米軍はいつか日本から撤退してしまうのではないか」という不安と、「在日米軍の存在ゆえに米国の紛争に不必要に巻き込まれるのではないか」という怯《おび》えが交錯してきた。

米国にとって、日本が米軍に基地を提供する意味はいったいどれほどのものなのか。米国側に視点を移して考えてみよう。

まず、日本の近隣国であるソ連(現ロシア)、中国などと米国との関係である。一九八三年一月、中曽根康弘首相が訪米した際、日本をソ連に対抗するための「不沈空母」と位置付ける趣旨の発言をして物議を醸したが、日本列島が冷戦期に、ソ連軍の太平洋進出を阻む天然の要塞として、重要な役割を果たしていた側面は否定できない。

冷戦構造の崩壊によっても、日本の戦略的な重要性は大きく変化していない。その原因は朝鮮半島という不安定要因と中国の軍事的な台頭である。中国との関係で言えば、九州から台湾にかけての南西諸島列島線は、中国の海岸線のうち三分の二をふさぐ形になっている。つまり海洋資源調査や戦略的な必要性から太平洋への進出を試みている中国にとって、日本の列島線は避けて通りにくい。二〇〇四年十一月に起きた中国海軍の原子力潜水艦による日本領海侵犯事件は、その一端が表面化しただけである。米国にとって、朝鮮半島と台湾海峡という不安定要因を抱えるこの地域で、日本に基地を確保できるメリットは計り知れないものがある。

さらに視線を西に向けると、中東から朝鮮半島までユーラシア大陸に沿って広がる潜在的な紛争地域、いわゆる「不安定の弧」の東端に日本は位置していることがわかる。米軍には「不安定の弧」の内側に基地やアクセス・ポイントが少なく、ここに迅速に兵力を投入するのに、やはり日本の戦略的な価値は高い。軍事技術の進歩により、大量の装備・人員をかつてないスピードで輸送できる部隊展開能力を持つとはいえ、太平洋を挟んで米国西海岸から空母戦闘群が西太平洋に到達するには約二週間を要する。戦闘様相の展開スピードが早い現代において、軍事作戦でこの遅れは致命傷になりかねない。

日本に駐留するメリットは、地理的な位置付けにとどまらない。大量の部隊を支えるには、食料など大量の生活物資が必要になる。われわれ日本人は日常、豊富な物資に取り囲まれて生活しているのでさほど気にならないが、世界を見渡して、日本ほど大量物資の確実な保管・流通を可能としている国はごく限られている。

米軍が保有する武器などの修理面でも日本の価値は大きい。軍事機密にあたるような抜本的な修理は、米国本国へ返送して行うが、そこまでに至らない一般的な修理は駐留して

主要国の受け入れ国支援(HNS)比較(2001年)

	駐留米軍人数	直接支援	間接支援	合計	米軍1人当たりの支援額
日本	39,691	34億5,663万ドル	11億5,822万ドル	46億1,485万ドル	11万6,269ドル
韓国	37,972	4億6,545万ドル	3億8,465万ドル	8億5,010万ドル	2万2,388ドル
ドイツ	71,434	821万ドル	8億5,345万ドル	8億6,166万ドル	1万2,062ドル
イタリア	11,854	290万ドル	3億2,113万ドル	3億2,403万ドル	2万7,335ドル
イギリス	11,361	2,006万ドル	1億1,384万ドル	1億3,390万ドル	1万1,786ドル

※出典：米国防総省の報告書（2003年版）
※直接支援とは、「各国の国家予算に計上される経費で米軍駐留経費を直接負担するもの」であり、間接支援とは、「税金や各種料金、賃貸料等の諸経費の免除」を指す。

いる場所で実施される。つまり、駐留国が一定の修理能力を有する必要があり、その意味でも技術力に信頼感の持てる日本は最適なのだ。典型的な例が米海軍の横須賀基地（神奈川県）である。天然の良港である横須賀港は大型ドックを抱え、十分な造船・修理能力をもつ。しかも首都圏にあり、大量の生活物資等の購入も可能だ。

地政学的な優位性、豊富な物資、艦艇・航空機の修理等に必要な熟練した労働力など、どれをとっても日本に駐留することは最高点に近い評価を得ている。

また、日本は受け入れ国支援（HNS＝Host Nation Support 通称・思いやり予算）でも、世界で群を抜いている。二〇〇三年版の米国防総省報告によると、日本のHNSは総額四十六億一千四百八十五万ドル。米兵一人当たりで計算すると、年間約十二万ドル（一ドル＝百十五円換算で約一千三百八十万円）が国民の税金から支払われているのである。続いて韓国とドイツがそれぞれ八億五、六千万ドルで、米兵一人当たり韓国は約二万ドル、ドイツは一万ドルあまりに過ぎない。

憲法解釈で集団的自衛権の行使が禁じられているため、米軍やその他の国の軍隊と軍事作戦で十分に協力できないなどの制約を差し引いても、日本の支援は突出している。米議会は米軍を受け入れている各国の米軍支援の程度を評価しているが、その中でも日本は最高位に位置付けられている。しかも「自由と民主主義」の価値観を共有して政治的な安定度も高い。

これらのことからわかるように、米国から見た場合、数ある米軍の海外駐留先の中でも、日本はけっして手放したくない基地なのである。逆に言えば、日本にとって、米国に対する基地等の提供は、もっとも効果的な「交渉材料（バーゲニング・チップ）」になり得る可能性があった。

世界の中の在日米軍

日米安保条約で規定された在日米軍の役割は、第一に日本の防衛であった。しかし、現在ではその規定も現実とは乖離《かいり》している。米軍の駐留基地が、他の地域での緊急事態に対処するための発進基地になっている側面が強いのである。日本列島がソ連の太平洋進出の防波堤だった冷戦が終わり、この傾向はますます顕著になっている。このことは、在日米軍の構成が、高い機動力・展開能力を有し、他の地域への進出が容易な海兵隊、空軍、海軍主体であることからも明らかだ。

米軍は現在、五つの地域別統合軍と、輸送や特殊作戦などに従事する四つの機能別統合軍で構成されている。このうち地域別統合軍は、北方軍（北米大陸を担当）、欧州軍（欧州から極東ロシア）、中央軍（中東から中央アジア）、南方軍（南米大陸）、太平洋軍（太平洋全域とインド洋、東アジア、東南アジア、オセアニア地域）に分かれている。日本に駐留している米軍は太平洋軍に属している。

横田基地には在日米軍司令部が置かれているが、その主な任務は日本政府や自衛隊との調整であって、実戦の作戦指揮権は持っていない。いざ有事になると、在日米軍の各部隊はハワイにある米太平洋軍司令部の指揮系統のもとで戦うのであり、「在日米軍」という集合体で戦闘を実施するわけではない。「在日米軍」という呼称は、日本に駐留する陸軍、海軍、空軍、海兵隊を総称した便宜的な言い方である。

在日米軍の変遷

次に、占領軍から転身した在日米軍の、その後の変遷にも触れておきたい。一九七〇年代、アジアではニクソン大統領による「グアム・ドクトリン」（一九六九年）が、米軍の前方展開に影響を与えた。これは簡潔に言えば、ベトナムからの撤退の開始で「アジアのことはアジア諸国で」という消極的な関与の宣言である。七〇年代の初頭、ベトナムを含めてアジア全体に米軍は百万人近く展開していたが、これを半減させようという内容だった。世界的には、東西緊張の緩和である「デタント」と位置付けられる時代である。

一九七二年にはニクソンがソ連を訪問し、米ソ第一次戦略兵器制限条約（SALTI）が署名された。この波は当然のことながら、在日米軍にもおよんだ。七二年の沖縄本土復帰と連動する形で在日米軍の再編が行われ、七三年には関東の米軍基地の多くが整理統合された。現在の在日米軍司令部、在日米陸軍司令部は双方とも当時は東京・府中にあったが、横田基地、キャンプ座間にそれぞれ移転している。

都道府県別の在日米軍施設・区域（専用施設）の面積は、在日米軍の基地全体のうち七五％を占める沖縄が圧倒的だが、次いで青森、神奈川、東京の順で、大都市も多い。都市化に伴って、基地の問題が大きくなりはじめたのも七〇年代のことである。

一九七九年十二月のソ連によるアフガン侵攻で、デタントの時代は終わる。続く八〇年代は「新冷戦」とも呼ばれる時代に入り、極東ソ連軍の軍事力は増強の一途をたどり、これに対抗する形で、米軍は前方展開能力を強化していく。在日米軍でも八四年に沖縄に米

在日米軍の位置付け

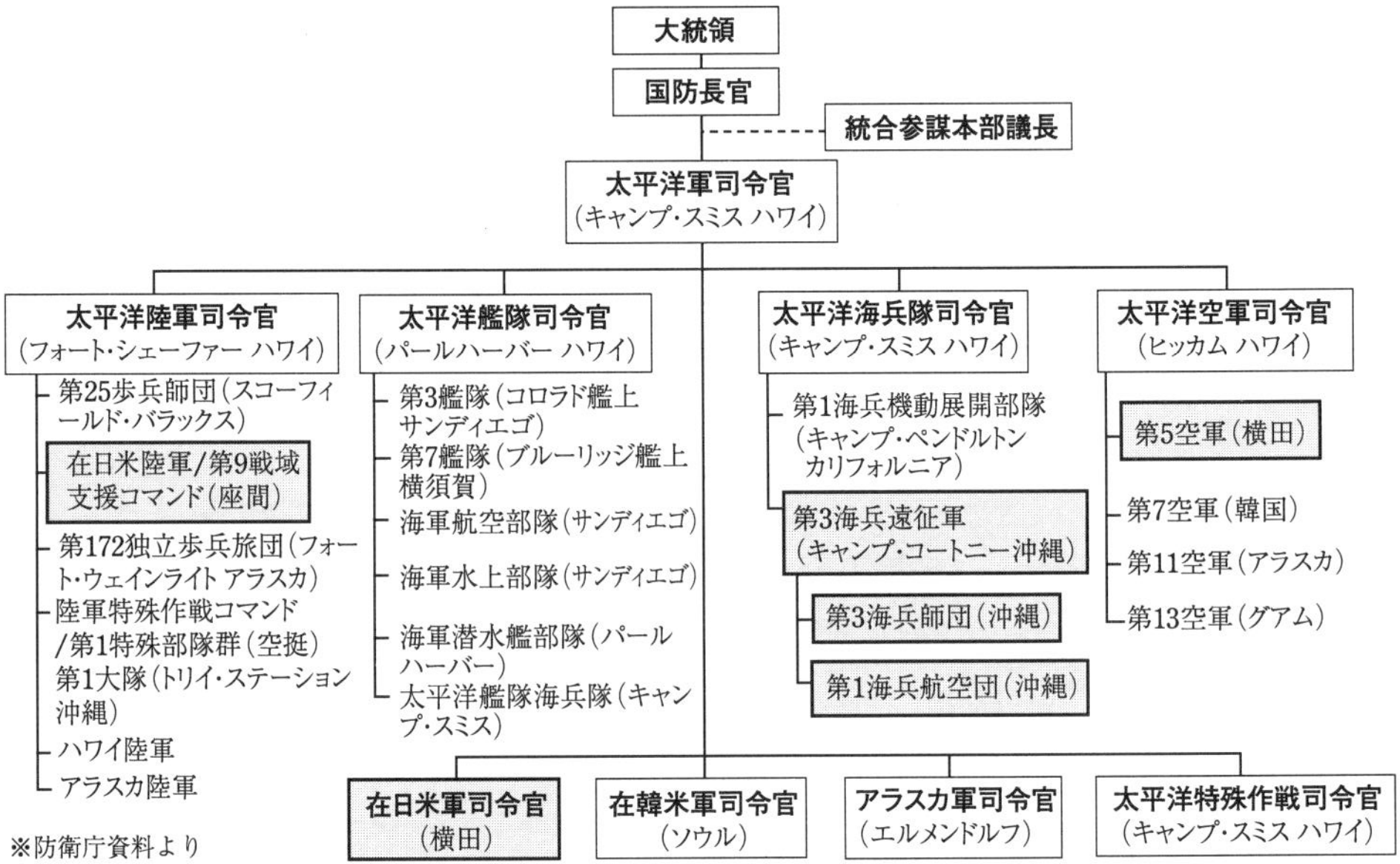
大統領
国防長官
統合参謀本部議長
太平洋軍司令官
(キャンプ・スミス ハワイ)
太平洋陸軍司令官
(フォート・シェーファー ハワイ)
第25歩兵師団(スコーフィールド・バラックス)
在日米陸軍/第9戦域支援コマンド(座間)
第172独立歩兵旅団(フォート・ウェインライト アラスカ)
陸軍特殊作戦コマンド/第1特殊部隊群(空挺)第1大隊(トリイ・ステーション沖縄)
ハワイ陸軍
アラスカ陸軍
太平洋艦隊司令官
(パールハーバー ハワイ)
第3艦隊(コロラド艦上サンディエゴ)
第7艦隊(ブルーリッジ艦上横須賀)
海軍航空部隊(サンディエゴ)
海軍水上部隊(サンディエゴ)
海軍潜水艦部隊(パールハーバー)
太平洋艦隊海兵隊(キャンプ・スミス)
太平洋海兵隊司令官
(キャンプ・スミス ハワイ)
第1海兵機動展開部隊(キャンプ・ペンドルトン カリフォルニア)
第3海兵遠征軍(キャンプ・コートニー沖縄)
第3海兵師団(沖縄)
第1海兵航空団(沖縄)
太平洋空軍司令官
(ヒッカム ハワイ)
第5空軍(横田)
第7空軍(韓国)
第11空軍(アラスカ)
第13空軍(グアム)
在日米軍司令官
(横田)
在韓米軍司令官
(ソウル)
アラスカ軍司令官
(エルメンドルフ)
太平洋特殊作戦司令官
(キャンプ・スミス ハワイ)

※防衛庁資料より

都道府県別の在日米軍専用施設面積

順位	都道府県名	面　積	全体面積に占める割合
1	沖縄県	233,124千m^2	74.67%
2	青森県	23,628千m^2	7.57%
3	神奈川県	18,766千m^2	6.01%
4	東京都	13,210千m^2	4.23%
5	山口県	5,732千m^2	1.84%
6	長崎県	4,544千m^2	1.46%
7	北海道	4,274千m^2	1.37%
8	広島県	3,539千m^2	1.13%
9	千葉県	2,102千m^2	0.67%
10	埼玉県	2,034千m^2	0.65%
11	静岡県	1,205千m^2	0.39%
12	福岡県	23千m^2	0.01%
13	佐賀県	13千m^2	0.00%
合計		312,193千m^2	100.00%

※防衛庁資料より（2004年3月31日現在）

陸軍特殊部隊（通称グリーンベレー）、八五年には三沢基地（青森県）にF16戦闘機の配備がはじまり、米海兵隊岩国基地（山口県）にはFA18戦闘攻撃機やハリアー垂直離着陸機が配備された。

在日米軍の人員上の推移を見てみると、旧日米安保条約が発効した一九五二年の約二十六万人をピークにその後は減少を続け、七二年の沖縄復帰とともに在沖縄米軍が在日米軍の一部に組み込まれたために一時人員は増えたが、以後、おおむね四万人程度で推移している。

日米の安保協力関係

日米安保条約に基づく米軍と自衛隊の関係を含めて、日米の安保協力のこれまでの流れを振り返ると、過去に大きく四つの段階を経てきたことがわかる。結論から先に述べる

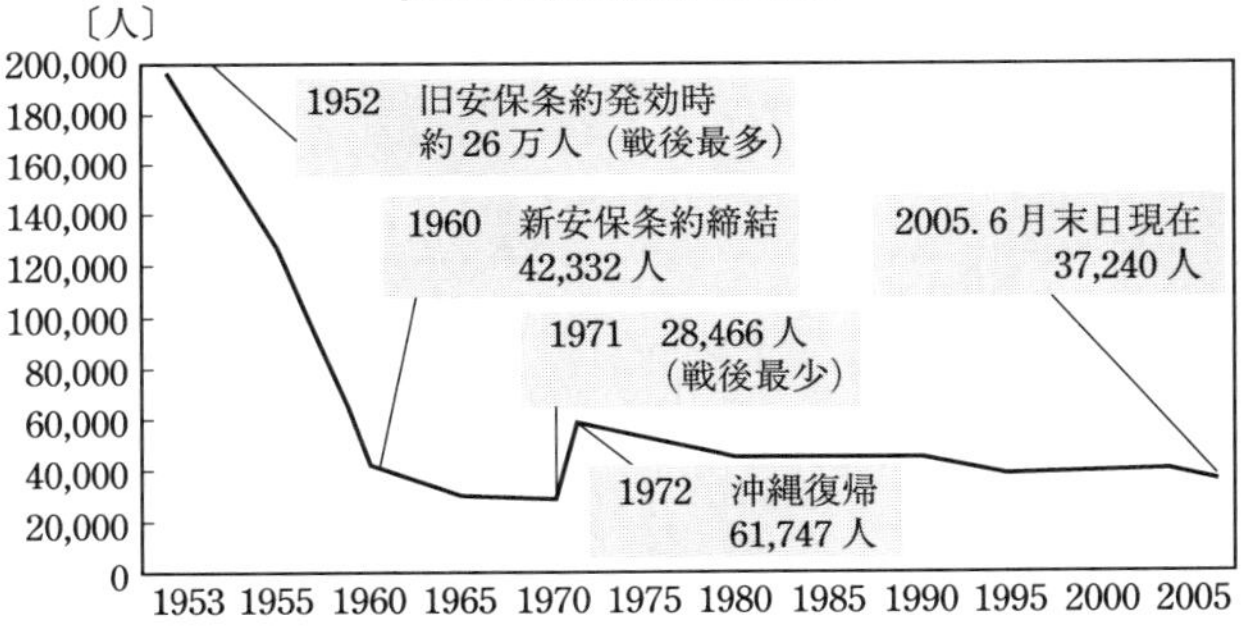

※出典：米国防総省ホームページなど

と、第一段階は旧日米安保条約が締結された一九五一年からの時代、つづいて六〇年からの安保条約改定後の時代、第三段階は旧ガイドラインの策定と拡大する日米防衛協力の時代（七八年〜八〇年代）、そして冷戦終結に伴う日米安保再定義から新ガイドライン策定に至る九〇年代が第四段階だ。

二〇〇一年の米中枢同時テロを受けたテロ対策特別措置法（テロ特措法）の成立と自衛隊艦船のアラビア海派遣、二〇〇三年のイラク戦争後に成立させたイラク復興支援特別措置法（イラク特措法）とそれに基づくイラクへの自衛隊派遣などで、日米関係は第五の新たな段階に入りつつあり、現在進行している在日米軍再編協議もこの五つ目の潮流の中に位置付けられる。

旧安保条約では、米軍による日本防衛義務が不明確であることや、米軍が日本国内の内乱に出動できる「内乱条項」が問題視されていた(第一段階)。一九五七年に岸信介首相が安保改定を米国に提起、交渉を経て六〇年に現在の日米安保条約に署名した。この中で、旧安保条約で問題になった日本防衛義務を第五条で明確化するとともに、「内乱条項」は削除された。さらに、在日米軍の行動に関して、両国政府による事前協議の枠組みを設け、不平等性を形式的には是正した。こうして、現在の日米安保体制の基本的な枠組みが確立されたのである(第二段階)。

ただ、枠組みはできたものの、日本有事や極東有事の際に米軍と自衛隊がどのように共同で対処するのか、運用面での具体的な協力については議論が交わされなかった。冷戦を背景とした当時の自民・社会両党対決の国内政治状況では、突っ込んだ論議が困難だったことも一因だが、同時に、米国にとって自衛隊の戦力が、協力のパートナーとしてとるに足らないものだったことも大きな理由であろう。

その自衛隊は一九六七年からの第三次防衛力整備計画(三次防)を経て、ひとかどの「軍隊」としての防衛力を整えはじめた。七五年に三木武夫首相とフォード大統領が会談して、米軍と自衛隊の運用協力に関する議論の開始で一致、翌年に協議機関として日米防衛協力小委員会を設置することで合意した。こうして日米両政府は七八年、主として日本有事にいかなる形で共同対処するのか、その指針を示した旧ガイドライン(「日米防衛協力のための指針」）を策定した。以降、八〇年から米海軍が主導する環太平洋合同演習（リムパック）に海上自衛隊が参加するなど、日米共同訓練が活発化、日米防衛協力が作戦面でもある程度実効性を伴いはじめた（第二段階）。

以上が冷戦終結までの日米防衛協力関係の流れである。

一九九一年十二月にソ連が崩壊して冷戦構造が終わりを告げ、世界的な規模での紛争が起きる可能性は一気に遠のいた。ところが一方で、九三年三月に北朝鮮が核拡散防止条約（NPT）脱退を宣言するなど、朝鮮半島緊迫化の事態が生じて、アジア太平洋地域には依然として不安定で不確実な要素が残っている現実が認識された。九六年には橋本龍太郎首相とクリントン大統領が日米安保共同宣言に署名し、「日本の防衛」を主目的とした冷戦時代の日米同盟から、「アジア太平洋地域の平和と安定」に向けて日米安保体制を強化することが謳《うた》われた。

他方、一九九五年九月、沖縄駐留米兵三人が地元の女子小学生を乱暴する事件が起きたことを契機に、沖縄で基地返還運動が大きく盛り上がった。日米安保体制に伴う沖縄の負担をどう軽減するかが日米の緊急テーマとなり、日米両政府は九六年十二月に「沖縄に関する日米特別行動委員会」（SACO＝Special Action Commitee on Okinawa）の最終報告を取りまとめている（詳細は後述するが、この最終報告で、県内移設を条件に普天間飛行場を五～七年で全面返還することが合意された。これに従っていれば、遅くとも二〇〇三年末までには返還が実現しているはずだった）。

少女暴行事件をきっかけに、在日米軍・軍属の日本での法的地位を定めた「日米地位協定」の見直し論が強まった。犯罪容疑者の米兵は原則として起訴後、米国から日本側に身柄を引き渡すという規定により、沖縄県警が米兵三人の身柄をすぐに確保できず、県民の反発を招いたのである。

一九九九年の日米防衛協力新指針（新ガイドライン）関連法の成立で、冷戦終結後の日米安保体制に新たな意義付けをする「日米安保再定義」の法的裏付けが完了し、両国がこれまで以上に軍事的な連携を図ることができる態勢が整う。日本の平和と安全の確保を目的に掲げているとはいえ、日本有事でも極東有事でもない「周辺事態」という概念を創出し、そのもとで米軍への具体的な支援を可能にしたことで、日米安保は対象として事実上アジア太平洋地域を視野に入れた（第四段階）。

ただし、周辺事態法には「日米安保条約の効果的な運用に寄与し、我が国の平和及び安全の確保に資することを目的とする」との文言が入っており、日本有事と極東有事を念頭に置く日米安保条約とはまだ薄皮一枚でつながっていた。

在日米軍配備の状況（本土）

在日米軍規模（本土＋沖縄：2005.6.30）
・総兵力：37,240人
陸軍： 1,720人　海軍： 7,610人
海兵：14,460人　空軍：13,450人

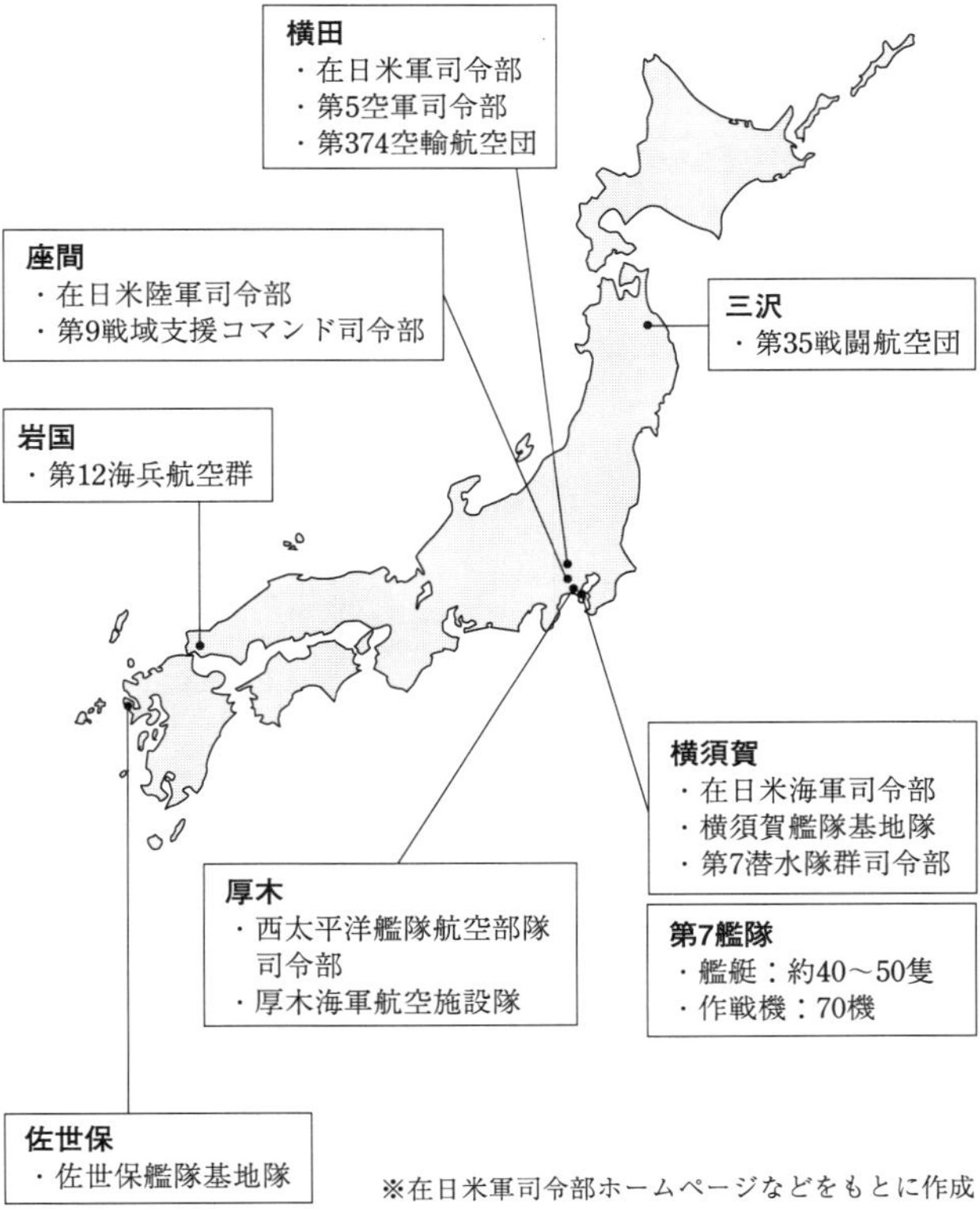

※在日米軍司令部ホームページなどをもとに作成

在日米軍配備の状況（沖縄）

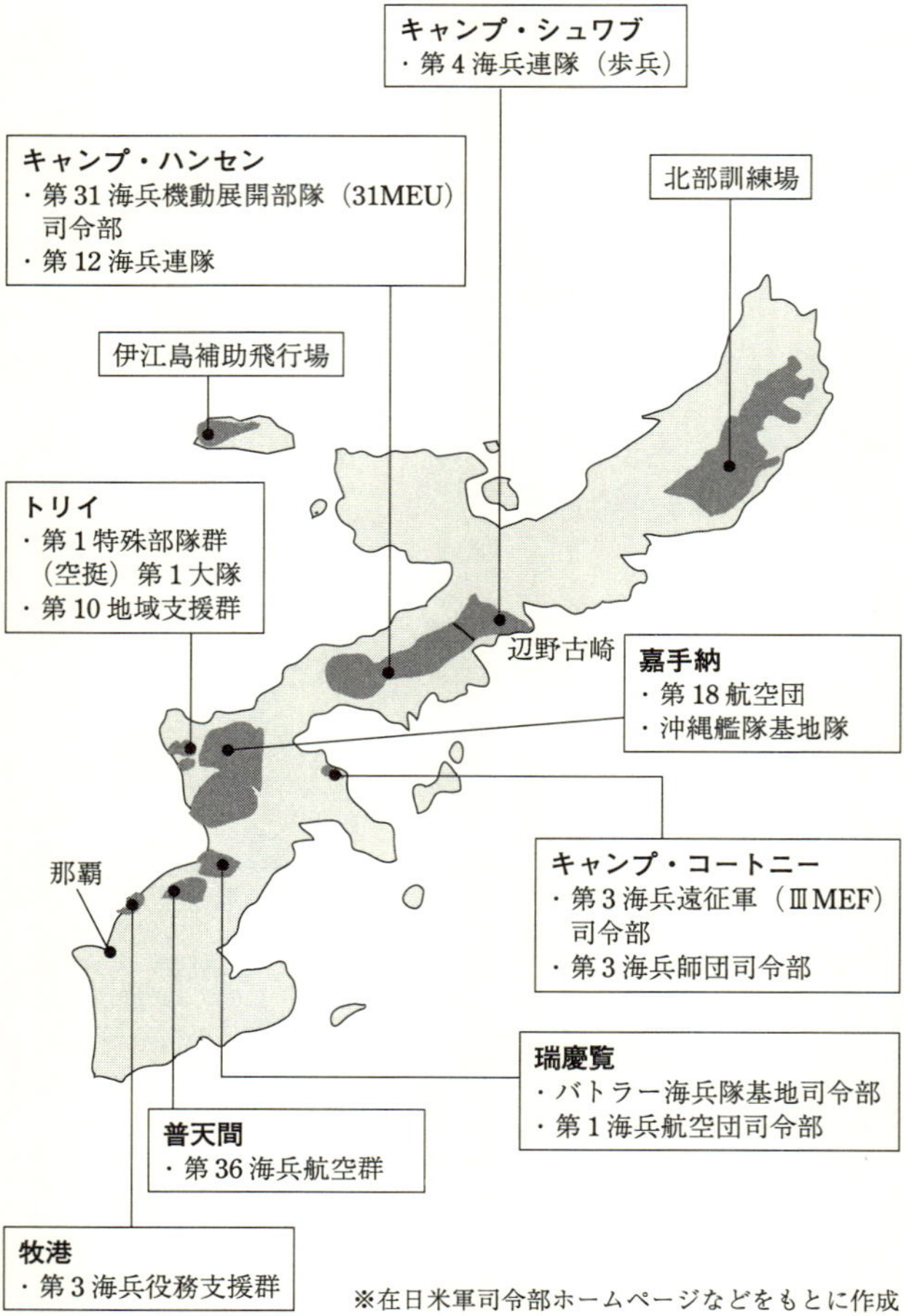

※在日米軍司令部ホームページなどをもとに作成

第五の潮流

二〇〇一年九月十一日の米中枢同時テロ後、米国は対テロ戦争に突入する。小泉政権はテロリスト掃討作戦の支援を主眼とするテロ特措法を成立させ、「極東」の範囲を超えるインド洋での米艦艇などへの給油支援に踏み切った。

9・11によって、国際テロや大量破壊兵器の拡散などのグローバルな問題が新たな脅威として認識されるようになり、従来の安全保障環境が激変したのは間違いない。これらの地球規模の問題に対して、日米でいかに協力していくかが大きな課題となり、二〇〇三年の日米首脳会談では、「世界の中の日米同盟」という言葉が前面に打ち出された。翌年からはイラク特措法に基づき、サマワでの人道復興支援と並んで、米軍などへの輸送協力も続けている。

こうして日本と米国は、アジア太平洋をも超える「世界の中の日米同盟」として、急速に結びつきを強めてきた。

テロ特措法とイラク特措法という事実上の対米協力法には、周辺事態法とは違い「日米安保条約」の文言が登場しない。テロ特措法に基づく自衛隊派遣は、対米協力が日本・極東有事を超えた瞬間であった。

テロ特措法とイラク特措法はいずれも時限立法であり、「世界の中の日米同盟」はキャッチフレーズに過ぎない。この言葉は、国連平和維持活動（PKO）以外で（つまり米軍主導の軍事作戦の後方支援や戦後復興のために）自衛隊が海外へ展開する場合に、法律を下支えするバックボーンがないことから、その穴を埋めるために考え出された便法的な概念と言える。

こうした新たな日米協力関係を恒久的なものとして強化していくことこそ、米国が在日米軍の再編に込めた狙いだった。テロなどの新たな脅威への対応や、伝統的な国家間抑止で十分な機能を果たせるように在日米軍基地を再編し、米軍と自衛隊の任務と役割を見直すという意味で、これは日米安保協力の第五の潮流を加速させるか否かを決定付ける。この時代の転換期に、日本政府は何を考えて、どのように動いたのか、迷走をつづけた日米の攻防を振り返りながら、日本外交の実像に迫ってみたい。

なお、本文中、肩書きはすべて当時のものであり、日時は現地時間とした。

第1章　パラダイムが変わった

末尾の日米合意

二〇〇二年十二月十六日正午すぎ、クリスマスツリーが街角を彩る首都ワシントン――。ポトマック河畔を見下ろす国務省の一室で開かれた外務、防衛担当閣僚による日米安全保障協議委員会（2プラス2）が日米攻防の発端となった。米軍再編問題について初めて日米の意見を交わす場としてセットされたのは、「戦略と変革」と題するワーキング・ランチの席だった。この場での発言はいっさい公表されていない。

「米軍はいま、テロとの戦いと同時に、軍の近代化という二正面の戦争を戦っている。米軍のトランスフォーメーション（変革）は進展しており、特にナイン・イレブン（9・11米中枢同時テロ）後は国防計画の見直しとあわせて急速に検討が進んでいる」

会議で口火を切った国防副長官のウルフォウィッツは、「ロシアとの戦略的攻撃兵器削減の合意で核体制の見直しが進み、将来の紛争を抑止するために今後は新たな分野の能力を向上させなければならない。米軍では指揮系統の統合も進められており、米本土だけでなく太平洋軍も対象になる。これは朝鮮半島有事をはじめ、あらゆる国防計画の見直しにつながる」と変革・再編の方向性を指し示してから、在日米軍の問題に踏み込んだ。

「米国内では二〇～三〇％の基地の再統合が進められる予定である。議会には米国内の基地を閉鎖する前に、日本や韓国の基地をなくせばいいとの意見もあり、政治的な扱いが非常に難しい。しかしアジア太平洋地域の米軍の態勢は重要であり、特に沖縄は依然として不可欠だ。北朝鮮は戦争をはじめるほど愚かと思っていないが、地域におけるもっとも困難なフラッシュポイント（一触即発の地帯）であることは間違いない」

地域経済への懸念から米国内の基地閉鎖や兵員削減に批判的な議会の空気を、わざわざ引き合いに出したウルフォウィッツの発言からは、議会が在日米軍の閉鎖や削減を求めてもわれわれは受け入れない、困るのは日本ではないか——という言外の意思表示とともに、再編問題を契機に、日本で米軍削減論が高まることを牽制する意図が読み取れる。

石破茂防衛庁長官はウルフォウィッツの発言を受けて、日本としても米軍の変革と連動する形で防衛計画大綱の改定を進めていく考えを示した。川口順子《よりこ》外相が、「東アジア情勢の認識が影響を与えるのだと思うが、米軍のトランスフォーメーションは沖縄に影響するのか、その認識を知りたい」と質問すると、国務長官パウエルは明確に答えた。

「アジア太平洋地域で米軍は重要なプレゼンスを維持していく。過去五十年にわたって大陸勢力と均衡を維持してきたこの地域への政治的なコミットメントには、いささかの変更もない」

以上のやりとりを見てもわかる通り、この時点では、米国もアジア太平洋地域での抑止力堅持という大原則を示しただけで、再編の確たる青写真を描いていたわけではない。外交レベルでは、在韓米軍削減の余波が日本にもおよぶかもしれないという程度の認識だった。

日本側には、米政府が日本での抑止力を堅持する方針に大きな変更はなく、沖縄の米軍基地でも大幅な変化は起こらないとの見方が広がった。議題の中心は「テロとの戦い」、そして日増しに緊迫の度を増していたイラク情勢であり、米国がイラク攻撃に踏み切るかどうかが最大の焦点だった。

会合後、日米両政府は十項目からなる「共同発表」を出した。これに先立ち、ワシントン・ウイラードホテルの一室で日米両政府の当局者が文言を詰めたが、大半の時間を費やしたのは、北朝鮮に対する「重大な懸念」という表現だった。在日米軍の再編にかかわるパラグラフは、原案に沿って議論もないまま、末尾で次のように合意している。

「閣僚は、国際テロリズム及び大量破壊兵器の拡散が深刻な脅威をもたらす中で、新たな安全保障環境における日米両国の各々の防衛態勢を見直す必要性につき協議した。各々の自国での取り組みを効果的に強化し得る協力分野を探求するため、両国間の安全保障に関する協議を強化することを決定した。両国の役割及び任務、兵力及び兵力構成、地域の課題やグローバルな課題への対処における二国間協力、国際的な平和維持活動その他の多数国間の取り組みへの参画、ミサイル防衛についての更なる協議と協力、在日米軍の施設・区域に係る諸問題解決に向けた進展といった問題が議論され得る」

米軍と自衛隊による防衛態勢の見直し着手は、大量破壊兵器や弾道ミサイル、テロなど「二十一世紀の新たな脅威」に対抗するブッシュ政権の戦略転換の波がアジアにおよぶことを意味した。もっともこの時点では、在日米軍の再編問題が、一九五一年の旧安保条約署名、六〇年の安保改定と新安保条約署名、七八年の旧ガイドラインの策定、九六年の日米安保共同宣言とその後の新ガイドライン策定につづく、第五番目の新しい時代の確立につながることを意識していた国民、政治家は少ない。交渉にかかわった外務、防衛官僚も合意の重みを十分に認識しておらず、米国も手探りの状態だった。

米国が描いた青写真

日米安全保障協議委員会(2プラス2)の翌月(二〇〇三年一月)、東京で開かれた日米審議官級による協議を皮切りに、防衛態勢の見直し論議がスタートする。

米政府はこの会合を防衛政策見直し協議(DPRI=Defense Policy Review Initiative)と呼んだが、日本側は当初、2プラス2フォローアップ会合、まもなく日米審議官級協議と呼称して、DPRIという言葉を意識的に避けてきた。特定の目的をもった政策協議ではなく、あくまで日米の外交・防衛当局の一般的な協議であるとの体裁を繕いたかったのである。呼称の相違は、在日米軍再編をめぐる日米それぞれの認識と問題意識の落差を浮き彫りにしている。

「米軍のプレゼンスが極東地域で果たしている抑止力を維持することは、きわめて重要だ。この抑止力が減退することがあってはならない」。外務省北米局参事官の長嶺安政は会議の冒頭でこう切り出し、米軍の撤退が進めば「力の空白」が生じかねないと強い懸念を表明した。韓国に駐留する米軍についても、「平和と安定に非常に重要な役割を果たしており、現段階での大幅な変更は、北朝鮮に誤ったメッセージを与えかねない」と注文を付けている。

この発言は、抑止力の堅持を大前提に再編協議を進める日本政府の姿勢を明確に反映していた。外務省と防衛庁の安全保障担当者は表向き「沖縄の負担軽減」を強調しながらも、9・11後に米国が安全保障で内向きとなり、長期的に日本での抑止力を低下させていくのではないかとの疑念と警戒感をぬぐいきれなかった。

米国側を代表して、国防副次官補のローレスが在日米軍再編に関する五段階の工程表を提示した。第一段階は「戦略と脅威認識」で、中国と台湾、朝鮮半島、テロリズム、海賊対策、大量破壊兵器、エネルギー資源への脅威などで共通戦略目標を設定する。第二段階は「米軍と自衛隊の任務・役割の評価」で、日米同盟の目標に加え、相互運用性（インターオペラビリティ）などを確認する。

そして第三段階を「兵力構成の評価」と位置付けて、米軍と自衛隊の兵力構成を協議し、第四段階の「基地の評価」で米軍と自衛隊にとって適切な基地構成を確定させ、自衛隊の平時における海外展開の選択肢を論議する。最後に「米軍の前方展開の評価」を行い、日米特別行動委員会（SACO）最終報告の実現、基地再編決定の与える影響と受け入れ国支援（HNS、思いやり予算）のあり方を協議する段取りだった。

米国は二〇〇三年六月を目途に第二段階まで完了させて、外務省北米局長や防衛庁防衛局長ら局長級による日米安全保障高級事務レベル協議（SSC）に報告、同年九月を目標に第五段階まで終えて、外務、防衛担当閣僚による日米安全保障協議委員会（2プラス2）で合意する青写真を描いていた。

イラク派遣問題で手一杯の日本政府

それにしても、たった九ヵ月足らずで成果を挙げようとは、かなり駆け足のスケジュールである。米国がこれほど短期決着を期待したのは、なぜだろうか。

背景には、9・11後、日本の安全保障政策が急激に変化したことがあった。日本は衆参両院あわせて実質わずか十時間の審議でテロ特措法を成立させて、海上自衛隊の補給艦、護衛艦、そして最新鋭イージス艦のアラビア海派遣に踏み切った。また、技術・資金両面で米国防総省がもっとも力を注ぐミサイル防衛（MD）システムの導入にも、すでに前向きな姿勢を表明していた。米政府高官はこのころ、「日本政府にブッシュ政権第一期の四年間で実現してほしいと考えていた安全保障政策の内容が一年間で完了した」と漏らしている。

結局、在日米軍の再編問題は日本側の受け身と消極姿勢で長期化して、二〇〇四年の秋に協議の仕切りなおしが決まるのだが、実際はこの工程表に基づいて、二〇〇三年六月までの時点で共通戦略目標に加え、米軍と自衛隊の任務・役割分担の叩き台まで作成されていたのである。

ローレス国防副次官補は、二〇〇三年五月のブッシュ大統領によるイラク戦争「勝利宣言」直後、日本側に「安全保障戦略をどのように描いているのか、日本としての見解を示してほしい。沖縄の海兵隊削減についても日本の考え方を教えてほしい」と強く求めている。この時に日本側が迅速に在日米軍再編の日本案を示していれば、その内容が米国案に反映され、協議の難航は回避されたかもしれない。だが当時、日本政府は自衛隊イラク派遣問題で手一杯となり、米軍再編については政府内できちんと検討されないまま、米国との協議にその場しのぎの受け身で臨んでいた。

米政府関係者は、「日本側は再編の対象となる個別の基地名がいつ出てくるかばかりを気にして、突っ込んだやりとりをできなかった」と振り返る。日本政府が米国に働きかける絶好の機会を逸してしまった鈍重な反応の背景として、在日米軍のあり方を含め、日米安全保障政策のあるべき姿を日ごろから構想する努力を怠ってきたことが挙げられる。また首相官邸、外務省、防衛庁など関係機関の連携態勢が十分に確立されていないという日本側の致命的な欠陥もあった。

再編協議の米国側窓口、ローレス
(写真提供：共同通信社)

米政府は日本からの具体的な回答を待つ一方、イラク戦争の帰《き》趨《すう》を踏まえて再編案を詰める方針を固めて、五月から各地域軍の司令官に腹案の提示を打診した。だが米軍内部でも各司令官からの提案とそれに対する反論が繰り返され、具体的な再編案の調整は難航した。

イラク占領政策で国際的に孤立することを強く警戒していた米政府は、対日政策で自衛隊派遣問題の処理を最優先させた。その経緯が在日米軍の再編問題と底流でつながっている事実は、あまり知られていない。自衛隊イラク派遣をめぐる日米攻防を振り返っておこう。

自衛隊派遣の真相

イラク戦争で米軍部隊が首都バグダッドを陥落させ、フセイン政権が崩壊した二〇〇三年四月九日、ワシントン郊外の米国防総省で、日本部の陸軍中佐が日本外交官に漏らしたひと言が、陸上自衛隊の派遣問題をクローズアップさせる発端になった。

「ブーツ・オン・ザ・グラウンド（Boots on the ground）」

軍隊用語で地上兵力を意味するこの言葉は、二日後、ローレス国防副次官補が日本側の意向を受けて同じ表現を日本大使館高官に発し、公電にのって首相官邸に届いた。公電とは大使や総領事から外相に宛てた連絡文書であり、発言者の地位が高いほどインパクトも大きく、首相官邸にも届けられる。後に有名となるこの言葉は、日本の「顔」を見せるために何としても陸上自衛隊を派遣したい外務省の意向が、ローレスの口を借りて拡声されたのである。その後、イラク特措法の成立とこれに基づく自衛隊派遣が決まる二〇〇三年十二月まで、日米間の焦点はイラクへの自衛隊派遣の問題一色に染まっていく。

「ブーツ・オン・ザ・グラウンド」というフレーズは、9・11直後にアーミテージ国務副長官の言葉として広がった「ショー・ザ・フラッグ（Show the flag）」と同様に、キャッチフレーズと化して、自衛隊派遣の動きを加速させた。

日米間の安全保障問題は、両国政府が一元的に正面から交渉、調整する単純な構図ではない。正規の交渉ルートの背後で、安全保障政策は個人や個々の組織のさまざまな思惑と利害がからみ合いながら紡ぎ出されていく。米政府内の知日派にとっても、日本の米国に対する「貢献」が政権内での自らの発言力や影響力の向上に直結する。日本政府を自らが思う方向に動かすために、個人や個別の組織との関係をうまく利用することがたびたび起きている。「ショー・ザ・フラッグ」も「ブーツ・オン・ザ・グラウンド」も、首相官邸や与党、そして世論をも動かすために、日米同盟を重視する日本の官僚群が利用したフレーズである。

ところで、イラクへ自衛隊を派遣するといっても、当時、政府はどこで何をやらせようと考えていたのだろうか。

二〇〇三年七月二日、フロリダ州タンパの米中央軍司令部内にあるイラク連合軍調整センター（ICCC）を十人の日本人が訪れた。外務省日米安全保障条約課長の兼原信克、防衛庁防衛政策課長の高見澤将林《のぶしげ》、運用課長河村延樹《のぶき》、そして陸、海、空各幕僚監部の担当者らである。幕僚監部とは、陸海空各自衛隊のトップである陸上、海上、航空各幕僚長のスタッフ機関であり、防衛計画や教育訓練、部隊運用、装備などの各種計画を立案する、いわば自衛隊の頭脳である。

一行はタンパ入りに先立ち、ワシントンでローレス国防副次官補、カイザー国務副次官補らと相次いで会談している。

日本側は一連の会談で、バグダッド国際空港を拠点に陸上自衛隊が近接の湖沼の水を浄化して米軍に給水するほか、治安状況を見ながら基地外でイラク市民にも給水する構想と、航空自衛隊C130輸送機のイラク国内への投入計画を打診した。

バグダッド国際空港を陸上自衛隊の本拠地とする腹案の背景には、「米軍が空港周辺を厳重に警備していて安全性が高く、危険が迫った場合には航空機で退避できる」との判断があった。これは、隊員の安全確保を最優先して部隊派遣に一貫して慎重な姿勢を崩さない、陸上幕僚監部の意向を反映していた。

ローレスらはバグダッド国際空港での浄水、給水活動について、中央軍司令部とイラクの連合軍統合タスクフォース（CJTF）の調整に委ねる考えを示したうえで、「それだけでは不十分だ」として、陸上自衛隊の大型輸送ヘリCH47によるイラク国内拠点間の空輸と、陸上輸送による支援を追加することが、「日本として妥当だ」と要求してきた。

同時に、米軍の武器・弾薬や米兵の輸送を要請するとともに、空自C130輸送機の運航拠点を米軍と同じカタールの空軍基地において、日米間の連携を強化するよう求めた。

これは自衛隊の軍事支援に対する米国側の強い期待感を表していた。

その後、米中央軍司令部は、日本政府の構想を調整した結果、バグダッド国際空港よりも、首都バグダッドの北方約百キロにあるバラドで、米兵に対する水の需要が高いと外交ルートで伝えてきた。バラドはバグダッドと北部のティクリット、西部ラマディを結ぶもっとも危険な三角形の辺上に位置している。この三角地帯は「スンニ・トライアングル」と呼ばれ、フセイン旧政権の残存勢力が集結し、武装集団と米兵の「戦闘」が頻発していた。陸上自衛隊は「戦闘地域に該当する恐れが強い」と難色を示し、派遣地選定は振り出しに戻った。

米国の焦り

二〇〇三年八月二十二日、イスラエル、シリアと中東を歴訪してからワシントン入りした中東担当特使の政府代表有馬龍夫から、イラクへの自衛隊派遣に踏み切れない日本の現状について説明を受けたアーミテージ国務副長官は、厳しい表現で自衛隊の早期派遣を要請した。

「逃げないでくれ (Don't walk away)」

小泉は五月二十三日、ブッシュとテキサス州クロフォードの大統領私邸で会談し、イラクへの自衛隊派遣に積極的な姿勢を表明していた。ブッシュは記者会見で、「日本は自衛隊による後方支援や人道的支援を行ってくれる」と、日米同盟の緊密さを国内外に強くアピールしている。

小泉政権は七月に国会でイラク特措法を成立させたが、国際平和協力法に基づいて周辺国に空自のC130輸送機を投入した以外何も進展がなく、ブッシュ政権内では、法律が成立したのに一向に自衛隊派遣の動きがないことに、不満のマグマが渦巻きはじめていた。

八月十九日に起きたバグダッドの国連事務所爆弾テロを受け、小泉は「人道復興支援に躊躇《ちゅうちょ》してはならない」と強調したが、福田康夫官房長官は自衛隊派遣で慎重な立場に転じ、石破茂防衛庁長官も「年内派遣は難しいかもしれない」と言明した。アーミテージは有馬との会談で、バグダッドの国連事務所爆弾テロ後、日本の閣僚からこのように自衛隊派遣に慎重な意見が外部に出ていることにも言及する。

「頼むから何も言わないでくれ（For God's sake don't say anything)」

アーミテージは日本側の慎重姿勢に触れ、「テロと戦う国際社会の協調と結束を乱しかねない。イラク国民の復興努力も無にしてしまう」と畳みかけ、「イラク復興への参加はお茶会（Tea party）への出席じゃない」と言い放った。イラクでの活動は危険と隣り合わせだという現実を強調するために、「戦場」と対極にある「お茶会」を引き合いに出し、現実を直視して自衛隊の派遣を早急に決断するよう促したわけである。

国務副長官の一連の発言からは、イラク情勢が好転しないなか、米国内外からの米軍占領政策への批判が次第に高まっている事態を踏まえ、米国の苦しい事情を汲んで、同盟国として最大限支援してほしいという思いが見てとれる。アジアでもっとも重要な同盟国と位置付ける日本がおよび腰になれば、米国主導の連帯が揺らぎかねないという強い危機意識も込められていた。

米軍は当初、二〇〇三年十月から予定していたイラク駐留米部隊の撤退・交代の穴を、同盟国と友好国の軍隊で埋めようと考えていた。ブッシュ政権は二〇〇四年秋の大統領選を控え、日本の協力を得られなければ、民主党候補に格好の攻撃材料を与えてしまうとの懸念を抱いていた。アジアの同盟国からの協力が不可欠だったのである。有馬は八月二十六、二十八両日、官邸に小泉を訪れ、ブッシュ政権の意向を伝達した。

政府調査団が、米軍のヘリと航空機でバグダッド、バラド、バスラ、ナシリア、サマワ、モスルの順で現地の状況を視察した結果、もっとも安全性が高く、浄水・給水のニーズのあったサマワが選ばれた（陸上自衛隊の部隊は二〇〇四年の年明けに派遣された）。この視察に、ワシントンからイラク入りした米陸軍中佐が同行し、自衛隊活動地域の選定作業に協力したことは知られていない。この陸軍中佐、デービッド・ハンターチェスターこそ、「ブーツ・オン・ザ・グラウンド」の言葉を最初に発した人物だった。

ハンターチェスターは国防総省日本部からイラク戦争に参加した後、キャンプ座間（神奈川県）の在日米陸軍司令部に大佐として赴任、在日米軍再編の柱となる陸軍第一軍団司令部（ワシントン州）のキャンプ座間移転構想を推し進めてきた。一見関連性が薄いように見える自衛隊イラク派遣と在日米軍再編。日本の安全保障政策に歴史を刻む二つの大きな出来事はその地下茎で、日本を熟知した米陸軍の同一プレーヤーが深く関与していた。そして、米国が後に陸軍第一軍団司令部の日本移転構想の理由として、米陸軍と陸上自衛隊の連携強化を前面に打ち出す背景となったのである。

ポスト冷戦期の米軍戦略

在日米軍の再編をめぐる日米の本格的な攻防を振り返る前に、そもそもなぜこの時期に、ブッシュ政権が世界規模の米軍再編に乗り出したのかということにも触れておこう。

その理由はひと言でいえば、基地のある地域に米軍を固定して、そこで戦う、あるいは睨《にら》みをきかせる冷戦期の戦略では、テロなどの「予期せぬ脅威」に迅速に対処することが難しくなったからだ。米軍は効率的な配置と運用を迫られているのである。さらに、アフガニスタン攻撃とイラク戦争、地球規模でのテロとの戦いに伴う米兵力の大量投入が再編を勢いづけた。

二〇〇五年三月末の時点で、米軍約百四十万人のうち、米国以外に駐留している米兵は四十万人あまりにのぼる。その主な内訳は、9・11以降の新しい事態を反映して、アフガンおよびその周辺に約二万人、イラクを中心として中東に約十八万人、そして冷戦の終焉後も欧州、アジアにそれぞれ十万人前後が駐留している。

米軍の海外駐留には、冷戦期の共産主義国に対する「封じ込め」に見られたように、有事が生じないように侵略を政治的かつ軍事的に抑止する狙いがある。また、有事の場合には、兵力を紛争地域に投入しなければならない。特に初期段階での必要な兵力投入が、その後の事態の推移を有利に運ぶために不可欠だ。

いくら輸送能力が向上したとはいえ、米国本土からすべての兵力を投入するのでは間に合わない。また、部隊や兵器を輸送するために必要な費用も莫大になる。したがって、米軍が一定の兵力を前方に展開させておくことは、即応能力の維持と資金面でメリットが大きい。

紛争が拡大してきた場合には本土からの増援が必要になるが、海外駐留はそれを円滑に受け入れる機能も果たしている。その他に近年は、演習・訓練時のみの海外展開や艦艇・

部隊の寄港等に関する協定の締結が重視されている。米軍を中心とする二国間・多国間の合同演習は、その地域に対する米国の目に見えるコミットメントにもなり、いざという時に米軍の受け入れ態勢をすばやく構築する予行演習も兼ねているからだ。

冷戦は終わった。しかし今度は、北朝鮮の核問題に代表されるアジア太平洋地域の不安定要因の表面化などを踏まえて、米国の新しい国防戦略が構築されていく。具体的には、欧州十万人体制とならぶアジア太平洋地域での米軍十万人体制が確立され、冷戦後のアジア太平洋地域に対する米国のコミットメントの証《あかし》となった。

欧州とアジア太平洋にそれぞれ十万人を配置する背景にあったのが、「二正面アプローチ」と呼ばれる国防戦略である。これは、ほぼ同時に発生する二つの大規模地域紛争、すなわち湾岸地域と朝鮮半島の有事に対処するための戦力保持を基本としている。湾岸地域というのはイラクを想定していた。本来、対イラクであれば、湾岸諸国周辺に配備するのが軍事的にはベストだが、イスラム圏である湾岸諸国からの反発を考慮すれば政治的には取り得ない選択である。そこで、旧東側諸国の軍事同盟だったワルシャワ条約機構に対抗して配備されていた在独米軍を中心に、在欧州米軍がその役割を果たすことになった。

すれ違う政権と軍部の思惑

米国の国防戦略の見直しが本格的にはじまったのは、クリントン政権（一九九三〜二〇〇一年）からである。ただし、クリントン政権と軍部との関係は良好ではなかった。この時期、財政均衡を目指して国防予算は「平和の配当」の名目のもと、大幅に削減されている。その一方で、冷戦後の新たな地域紛争の増大は米軍の出動回数を増やし、より少ない予算・人員で、米軍はソマリア、コソボ等で厳しい作戦を強いられた。また、経歴上「徴兵忌避」の疑いのある大統領と軍部のぎこちない関係もあった。国防長官には学者出身のペリーが就き、その後任には野党共和党からコーエンを招いた。クリントン政権期、米軍は疲弊し士気は大幅に低下していた。

そこで登場したブッシュ政権にとって、「米軍の改革」は急務であった。ブッシュは就任演説で、国防政策について、「軍の士気・即応性の回復」「新たな脅威に対する防衛」「二十一世紀の安全保障環境に対応する軍の変革」を唱えた。ブッシュ新政権の顔ぶれを見てみても、事実上の大統領と言われるチェイニー副大統領は父ブッシュ政権の国防長官であるし、国防長官に就任したラムズフェルドはフォード政権下で同職を務めた経験がある。他にも、国務長官のパウエル、国務副長官のアーミテージなどの軍出身者を抱え、米軍の立て直しを担う政権としては格好の布陣となった。

しかしブッシュ政権も、発足当初は軍部との関係が必ずしも良くなかった。冷戦時代に整備された「重厚長大型」の軍隊を、小回りが利く「ハイテク・機動力型」に転換するラムズフェルド主導の方針は多くの支持を集めなかった。新型自走砲クルセーダー導入をめぐる、ラムズフェルドと陸軍参謀総長シンセキの対立はその象徴である。重さ四十トンのクルセーダーは迅速な展開が不可能で、ブッシュ政権が思い描く新たな戦術に適さない軍備の代表例と見なされ、ラムズフェルドは開発の中止を求めていた。これに対し、シンセキは伝統的な陸軍のあり方を一方的に否定するようなラムズフェルドの考え方に異議を唱えた。二人の確執は、職権を笠に着て現実無視の方針を押しつける政治家と実直な制服トップとの争い、といった感でとらえられていた。旧来のあり方に固執し、変革を拒む制服組とそれを支援する米議会などの抵抗勢力は予想以上に大きく、改革の前途は多難に思えた。

脅威ベースから能力ベースへ

こうした状況の中で、米中枢同時テロが発生した。犠牲者三千人余り。もっとも衝撃的だったのは、一八一二年の米英戦争以来、はじめて米国本土が攻撃に晒された事実である。9・11の衝撃がまだ冷めやらぬ二〇〇一年九月三十日、ブッシュ政権としてははじめての「四年ごとの国防戦略見直し（QDR＝Quadrennial Defense Review）」が公表された。

同時テロを受けて骨格が急遽書き換えられ、通常の軍事力では防御できない「非対称の脅威」への対応や米本土防衛の強化が前面に打ち出された。

QDRの中では、前述した「二正面アプローチ」のように、特定の敵の脅威に焦点をあてた「脅威ベース」のこれまでのやり方から、顔の見えない脅威に対処するために必要な能力に焦点をあてた、「能力ベース」のアプローチへの転換が唱えられている。国際テロリストなどの非国家主体が脅威として登場してくる今日において、米国の敵を特定するのは困難との発想が根底にある。

また、中東から朝鮮半島までのユーラシア大陸およびその沿岸部を「不安定の弧」と呼び、大規模軍事競争、地域紛争、大量破壊兵器の拡散、国際テロなどの問題を多く抱えている地域と定義した。そして、その不安定性にもかかわらず、この地域には米軍基地・中継施設等のプレゼンスが不十分であるとして、米国は安全保障上の重点を明確に欧州からアジアに移した。アジアには朝鮮半島や台湾海峡などの伝統的な潜在紛争地域が残っているという点でも、欧州と事情は大きく異なる。

米英両国は十月七日、アフガニスタン・タリバン政権に対する報復攻撃を開始して「テロとの戦い」に突入した。ラムズフェルドの唱えていた「改革」の有効性は、実際の戦争で実証され、さらに理論を発展させていく。アフガン攻撃では、グローバルホーク、プレデターといった無人偵察機（UAV）と特殊部隊、巡航ミサイル・トマホーク、爆撃機からのスマートボム等精密誘導弾、さらにはこれらを司令部と瞬時に連携させる情報技術（IT）の数々、いわゆるハイテク兵器体系における米軍の圧倒的な力が示された。この軍事活動を通じて、ロシアの裏庭であった旧ソ連のウズベキスタン、キルギスに航空基地の使用を認めさせ、米軍のアクセスを「不安定の弧」の中に拡大している。

米国防総省は二〇〇二年一月に「核態勢の見直し（NPR）」を公表し、冷戦期の三本柱（大陸間弾道ミサイル〈ICBM〉、潜水艦発射弾道ミサイル〈SLBM〉、戦略爆撃機）から新たな三本柱（非核および核攻撃能力、ミサイル防衛〈MD〉、国防基盤）への移行も表明した。

その後、前述した新型自走砲クルセーダーもラムズフェルドの主導で開発の中止が決まった。陸軍の先頭に立って導入を主張した陸軍参謀総長シンセキは異議を唱えたが、中止の方針は覆らず亀裂だけが深まった。二〇〇三年夏に行われたシンセキの退任式にラムズフェルドが欠席した事実が対立の根深さを物語っていた。

二〇〇二年九月には、「抑止が機能しない敵に対し、必要に応じ先制的に行動する」とした「国家安全保障戦略（NSS）」が発表され、米国は二〇〇三年三月、イラク戦争に踏み切った。この戦争においても、当初は米軍の大規模部隊展開能力、迅速な作戦行動力、攻撃精度の優位性が示された。そして、フセイン政権の打倒により、「二正面アプローチ」で想定した片方の国が崩壊する一方、米国は代償として、イラクの安定のために大規模部隊の駐留を余儀なくされたのである。

米軍基地再編の狙い

米軍は今回の再編で、米軍の拠点を四分類すると明らかにしている。もっとも重要性の高いランクは大規模な兵力・装備を展開する戦力展開拠点（PPH）。その次が中核的な役割を担う主要作戦拠点（MOB）で、これに小規模な部隊が駐留する前進作戦拠点（FOS）、恒常的には使用せず連絡要員を常駐させる協力的安全保障拠点（CSL）が連なる。

再編後の米軍の態勢は、米国本土を兵力投射の源として、極東および中欧にMOBを、さらにそこから分散した地域にFOSやCSLを構築して、中東から北東アジアに至る「不安定の弧」に対し、戦略的に対応できるようにすることを目指している。

二〇〇三年十一月二十五日、ブッシュは軍事態勢の見直しに関して大統領声明を発表し、「米国が直面する脅威は冷戦の終了後、ならず者国家、グローバルなテロリズム、大量破壊兵器と関係する予想しがたい危険に変わった」と表明した。そして、変化した脅威に適切に対処するには、活発に防衛力を変革（Transformation）する一方、グローバルな軍事態勢を再編（Global Posture Review）することが課題だと述べている。

ちなみに、日本の報道で、在日米軍の配置の見直し（再編）をトランスフォーメーションと称する向きがあるが、これは必ずしも正しくない。トランスフォーメーションは、軍事技術の進展を踏まえた兵器体系や運用の強化に加え、国防総省の組織や人事の効率化まで含めた、もっと幅広い意味での軍の「変革」を意味している。これに対し、再編は基地の再配置を含む、より狭義の概念であり、兵員やその家族を本土にできるだけ戻す一方、あらゆる事態に迅速かつ柔軟に対応することを主眼としている。

大統領声明は、「米国は新たな安全保障環境にもっとも適切に対処するために、適切な能力をもっとも適切な場所に配置する」と打ち出し、米国の安全保障は「同盟国との安全保障と密接に結びついており、この見直しはこれらの国々との関係を強化し、米国のコミットメントをより効果的に実施する能力を向上させる」と位置付けた。米国防総省高官は大統領声明に合わせて背景説明を行い、米国は再編協議を通じて同盟国の役割拡大を助け、新しい協力関係を築くと強調した。つまり、米政府は海外の米軍基地再編を通じて、同盟国の軍隊の任務と役割の強化を狙っているのである。

第２章　米陸軍第一軍団司令部とは何か

ハワイの衝撃

日米開戦の舞台となったハワイのアジア太平洋安全保障研究センター――。二〇〇三年十一月二十日、戦後六十周年を控え、日米同盟の転機を予兆させる在日米軍再編協議が実質的に始動したのは、この地で開かれた日米審議官級協議の席上だった。米国側は二日間にわたるこの協議で、はじめて再編の具体案をテーブルにのせた。

在日米軍再編問題をめぐっては、さまざまな報道が入り乱れたが、米政府から実際にどのような提案があり、日米間でいかなる論議が交わされていたのか、その内幕は系統立てては明らかにされていない。この場で米国が提案した再編の全容から、秘められた日米攻防をひもときたい。

常夏の陽光を遮断した会議室で、再編案を項目ごとに要約したスライドが次々と映し出される。米国側からは国防副次官補ローレスと国務省特使ラフルアーが出席した。外務省北米局参事官の長嶺安政、防衛庁防衛局次長の山内千里らは、米国側の一方的な説明に目を凝らしながら聞き入り、まったく想定しなかった再編構想に強い衝撃を受けた。前述した通り、日本がらみでは大きな米軍再編はあり得ないと楽観していたからだ。

再編案は、二〇〇八年までに実施できる事項と、その後の長期的な課題に分けられていた。

二〇〇八年までの実現を目指す再編案が緊急性の高い内容で、その柱は、①米西海岸ワシントン州フォートルイスにある米陸軍第一軍団司令部のキャンプ座間への移転、②横田基地にある米第五空軍司令部のグアム第一三空軍司令部への移転——の二つだった。二〇〇八年より先の実現を目指す再編案は、これらの司令部移転を実現させるための付随的な提案という色彩が濃厚で、厚木基地の空母艦載機部隊を岩国基地へ移転させる構想を提示してきた。

米国側はこの時、「二〇〇八年までに実施しなければならない計画は、現時点から予算を獲得する必要がある」と、日本に迅速な対応を求めている。

本章では、今回の再編案の目玉である「米陸軍第一軍団司令部」に光をあて、それがいったいどんな組織で、移転の狙いはどこにあるのかを考察してみたい。

米陸軍第一軍団とキャンプ座間

米陸軍の「軍団」とは、「師団」（通常一万人から一万五千人）より上位に位置し、複数の師団などから構成されるものだ。戦時に編成され、平時には編成を解かれる。

陸軍第一軍団司令部の活動範囲は太平洋軍の管轄区域と重なり、地球面積のほぼ半分を占めている。軍団の主力は第二歩兵師団第三旅団と第二五歩兵師団第一旅団で、二万人の兵力に加えて、約二万人の予備役兵や州兵を動員できる。航空機による運搬が可能で、機動・戦闘能力に優れた最新鋭の装甲車両「ストライカー」の旅団を擁し、情報技術を軸に即応化、軽量化を進める米軍の軍事技術革命(RMA)のモデル部隊だ。二〇〇四年一月から翌年二月までイラクへ部隊を派遣、米国の軍事戦略で主要な一翼を担っている。

第一軍団は第一次世界大戦中の一九一八年、ドイツ軍の進攻を食い止める目的で、米国初の軍団として創設された。第二次世界大戦の勃発で再編成され、四二年にニューギニア島やフィリピン・ルソン島などで旧日本軍と交戦し、終戦から五〇年三月まで日本の占領統治に従事、司令部を日本に置いた。朝鮮戦争勃発に伴い司令部を韓国の釜山に移し、中国国境近くまで一時進軍するなど、数ある軍団の中でもっとも豊富な戦闘経験を積んでいる。

一九八一年にワシントン州フォートルイス基地に司令部を移した。九〇年代以降は、おもに太平洋地域を対象にした緊急事態への対応任務を負っている。日本の陸上自衛隊とは「日米共同方面隊指揮所演習(ヤマサクラ)」、韓国軍とは連合戦時増援演習「RSOI」や「ウルチフォーカスレンズ」、タイなどとは合同演習「コブラゴールド」を定期的に実施している。ヤマサクラは毎年二回、日米で各一回ずつ行われ、米国ではフォートルイスの第

キャンプ座間（写真提供：連合通信社）

一軍団司令部がその舞台となっている。

また、フォートルイス基地近くのヤキマ演習場では、陸上自衛隊が戦車や多連装ロケットシステム、対戦車ヘリコプターを持ち込み、日本国内では実施できないフルレンジ（実際の射程）で実射訓練を行っている。こうした訓練やヤマサクラの連絡調整に当たるという名目で、フォートルイス基地には陸上自衛隊の幹部自衛官が常駐している。

一方、移転先として提案されたキャンプ座間はもともと、一九三七年、現在の防衛庁がある東京・市谷に大本営陸軍部が設置されるのに伴い、そこにあった旧日本陸軍士官学校が移転された区域である。これを米軍が四五年九月に接収した。神奈川県相模原市と座間市にまたがる丘陵地帯に位置する。司令部の入る建物は米国防総省（ペンタゴン＝五角形の意）を模したその形状から「リトルペンタゴン」と呼ばれ、現在は陸上自衛隊第四施設群が共同使用している。

キャンプ座間には、一九九五年まで米陸軍第九軍団司令部が置かれていたが、第一軍団司令部に吸収された経緯がある。第九軍団司令部は、日本有事や朝鮮半島有事の際に予備軍部隊を配下に加え、ハワイや米国本土から投入される陸軍部隊約九万人を統合して指揮する役割を担っていた。

当時の米太平洋陸軍司令官ロバート・オードは記者会見で、「戦闘部隊のある第一軍団が有事の際は日本に展開する。これまで第九軍団が陸上自衛隊と毎年実施してきた日米共同訓練も今後は第一軍団が行う」と述べ、日本の防衛への関与の大きさは改編後も変更がないことを強調している。

陸上自衛隊幹部はこの時、「第九軍団司令部がなくなれば、有事の際に米軍の来援を前提としている自衛隊の作戦に重大な影響が出かねない」と懸念を隠さなかった。つまり、強力な権限を持つ第九軍団司令部が去って相方を失っていた陸上自衛隊にとって、在日米陸軍の機能強化は長年の悲願だったのである。

生き残りをかけた米陸軍

冷戦が終わり、ソ連の脅威、日本への着上陸侵攻の可能性は大幅に低下した。日本駐留の第九軍団司令部が消滅することは当然の帰結だったと言える。にもかかわらず、なぜ第九軍団司令部が去って十年近くの月日が流れた今になって、ふたたび在日米陸軍を強化する必要があるのか。それはソ連ではない新たな脅威への抑止と対処を目的としているのだろうか。日本政府関係者は米国の真意を測りかねていた。

ローレスは日本側の質問に対して、次のように説明した。

「米陸軍と陸上自衛隊との協力関係を強化して、日本防衛を含む戦略的に重要な地域での作戦能力の向上を図りたい。そうすれば、非戦闘員退避活動（NEO）や国連平和維持活動（PKO）、テロとの戦いなどで陸上自衛隊との共同作戦が可能となり、陸上自衛隊の変革も支援できる」

イラク戦争後の自衛隊派遣をめぐり、米陸軍と陸上自衛隊の連携強化の必要性を米国側が痛感したことは前述したが、この説明は理由の一面に過ぎない。内閣法制局は憲法解釈上、集団的自衛権を行使できないとの見解を貫いており、作戦行動に限界のある陸上自衛隊との連携強化を目指すという説明は十分な説得力を持たないからだ。それでは、陸軍第一軍団司令部のキャンプ座間への移転構想が浮上した最大の理由は何であろうか。日米協議でもいっさい語られていないが、そこには組織の生き残りをかける米陸軍の隠された狙いがあった。

米国防総省関係者によると、ブッシュ第一期政権が発足した二〇〇一年から、陸軍内部では第一軍団司令部の日本移転構想が本格的に検討されていた。これはブッシュ政権の安全保障政策をめぐる基本方針と連動している。この年一月、国防長官に就任したラムズフェルドはホワイトハウスでの宣誓式後の記者会見で、ブッシュから「米軍の兵力構成の包括的な見直しに着手するよう指示を受けた」と明らかにした。ラムズフェルドは旧弊の打破による米軍の抜本的な組織改革を断行しようと考えていた。

米軍は前述したように、五つの地域別統合軍と四つの機能別統合軍で構成されている。機能別統合軍とは、地域とは無関係に任務と役割で区分したもので、統合部隊、特殊作戦、戦略、輸送の各統合軍があり、司令官はおもに空軍出身者が占めている。地域別統合軍は北方軍、欧州軍、中央軍、南方軍、太平洋軍に分かれており、各地域統合軍の最高司令官ポストを、陸・海・空・海兵隊のどれが獲得するかが、各軍の力関係や盛衰を象徴する。ちなみに、欧州軍のトップは北大西洋条約機構（NATO）欧州連合軍の最高司令官を兼任している。

地域別統合軍最高司令官の地位は米国においてきわめて高く、政治や外交面でも大きな影響力を持っている。クリントン政権の末期からブッシュ政権初期まで中国大使だったジョゼフ・プリアーは、太平洋軍司令官を務めており、二〇〇四年の大統領選挙で民主党の大統領候補指名を争ったウェズリー・クラークは欧州軍の最高司令官を務めた。

地域別統合軍のうち、陸軍は第二次大戦以降、冷戦構造が続く中で欧州軍と中央軍の最高司令官ポストを原則的に独占してきた。だが、国際情勢の大きな変容に伴い、米軍は部隊や装備も冷戦期の陸軍を主体とする重厚長大型から、任務に応じて部隊を柔軟に編成する機動力重視型への戦力の転換を図っている。旧東欧諸国が次々と北大西洋条約機構に加盟した現在、米軍がドイツに大規模な陸上部隊を張り付けておく必要性は見当たらない。

欧州軍の最高司令官ポストは二〇〇二年五月、ラムズフェルドの主導で陸軍から空軍に、翌年一月には海兵隊に振り向けられた。米陸軍は二〇〇五年四月、欧州駐留陸軍部隊六万二千人を今後五～十年で約六割削減し、二万四千人にする計画を公表している。こうした変化の中、陸軍が生き残りをかけて組織の強化を狙ったのが、冷戦構造の残滓である朝鮮半島と軍事的に台頭する中国を抱える太平洋軍の管轄地域だった。そしてこの思惑が、第一軍団司令部のキャンプ座間移転構想の素地となったのである。

他方、米国は日米審議官級協議で、イラク戦争の教訓として、最新の司令部機能は通信インフラの複雑化などにより、迅速な移動が難しいことが判明したため、司令部機能を前進配備させる必要に迫られていると、軍事的な理由だけを説明している。

米軍は二〇〇三年一月から、対イラク攻撃の際に現地で戦闘計画を立案・指揮する作戦担当の幕僚を、中央軍司令部（米フロリダ州タンパ）からカタールのアッサイリヤ基地へ順次派遣して、現地に千人規模の前線司令部を設営した。作戦を指揮するフランクス中央軍司令官も開戦直前の三月十日にタンパを出発、米軍が駐留する周辺数ヵ国を訪問した後、アッサイリヤ基地に入ったが、コンピュータ回線の確保や運用までに手間取り、開戦の時期が当初の予定より遅れたとされる。

平時からの現地情勢の正確な把握、同盟国と連携した情報の収集や分析、作戦の立案機能や相互運用性の向上、そしてなによりも有事の際に戦闘の最前線と司令部との時差をできるだけ少なくして、時々刻々と変化する情勢に即応できるという観点から、前線に司令部を置く重要性は、軍事技術が進展した今も大きく変わっていない。

剛腕ラムズフェルド

陸軍第一軍団司令部のキャンプ座間への移転、そして横田基地の米第五空軍司令部をグアムの第一三空軍司令部に移転する構想を決定付けたのは、ラムズフェルド国防長官の剛腕だった。

「ここはもっとも統合されていない米軍司令部だ。在日米軍司令部は軍事的な役割を果たしていないじゃないか。君のやっていることは外交的な儀礼ばかりで、軍人の仕事ではない。軍人は軍人の仕事に徹すればいい」

ハワイで開かれた日米会合の直前に来日したラムズフェルドは、在日米軍司令部と第五空軍司令部の置かれた横田基地を視察し、両司令官を兼ねる中将ワスコーに職務内容を質問すると、なかばあきれ気味にこう言った。訪日前に国防総省で在日米軍の現状について詳細な説明を受けたラムズフェルドは、在日米軍司令部が日本や朝鮮半島の有事に作戦指揮の権限を持っていない現実を知り、強い不満を抱いていたのである。

ラムズフェルドは初対面の日本人に、日米の政治家や財界人、学者が一堂に集まって日米関係を論じ合った「下田会議」出席のため、一九六〇年代に来日した思い出を語るのが常である。だが、それは同時に、それ以降、今に至るまでの日米関係や日本の事情を十分に把握していないことの裏返しとも言える。

米国の大半の政治家や官僚の知識と関心は欧州であり、中東地域だ。日本の政治や外交、安全保障に知見を有する人物は、きわめて限定されている。経済面の影響の大きさを除けば、米国にとって日本は対等のパートナーとは位置付けられていないからである。在日米軍司令官の主任務が日本政府との調整や要人の接待であることをはじめて知ったラムズフェルドは、決して例外的な存在ではない。

ラムズフェルドは一九七五年、フォード政権期に史上最年少の四十三歳で国防長官に就任した。大きなセルフレームのメガネをかけた当時の肖像画は、今も国防総省一階の廊下に歴代の国防長官と共に掲げられている。その後、米イリノイ州の製薬会社「G・D・サール社」のCEO（最高経営責任者）となり、八年間の在任中に業績を躍進させたことは、ジェフリー・クレイムズ著『ラムズフェルド――百戦錬磨のリーダーシップ』に詳しい。ラムズフェルドは合理化を徹底させて、コストカッターとして名をはせた。

巨大な官僚機構である国防総省、そして米軍の変革と再編には大きな抵抗を伴う。三十年近く前の国防総省や米軍の内情を知り、民間企業で効率的な経営に辣腕をふるったラムズフェルドが再登場したからこそ、変革の重い歯車が回りはじめたのである。

朝鮮半島有事の最前線

ラムズフェルドは、二〇〇一年一月の就任からまもなく、米軍の展開状況について制服組から説明を受けると、「ここは昔と変わっていないじゃないか。この間、何の組織改革もやっていなかったのか」と言って、壁一面に張られた世界地図の中からドイツと韓国を指さした。

ドイツと韓国には第二次世界大戦後、それぞれ米陸軍師団が張り付いていた。兵員を削減したとはいえ、陸軍主体の兵力構成は冷戦期から大きな変化はなかった。しかし、海軍と空軍を中心に、ハイテク兵器を駆使して敵対国家やテロ組織の意志を屈服させる方向へと戦略は変化し、多数の死傷者を伴う可能性が高い陸上部隊を前線に常時配備する必要性は低下している。陸軍は予算削減や部隊の縮小を余儀なくされた。生き残りをかけて、陸軍も臨機応変に兵力を投射する戦術に大きく舵を切ろうとしている。ドイツと韓国の米陸軍部隊はまさにその象徴である。

在日米軍の再編は、こうした文脈上に位置する。特に在韓米軍の再編とは密接にリンクしており、在日米軍だけを切り離して論じることはできない。

朝鮮半島では一九五〇年六月から約三年間、韓国側には米軍主体で構成された国連軍、北朝鮮側には中国人民義勇軍が加わり、韓国と北朝鮮が戦う朝鮮戦争が続いた。現在の軍事境界線は五三年七月二十七日に発効した休戦協定に基づく線引きであり、この周囲には非武装地帯（DMZ）が設定されている。戦闘は停止したが、朝鮮戦争は公式には、いまだに終結していない。

DMZ沿いに配置された在韓米軍第二歩兵師団の一万五千人は、北朝鮮の報復攻撃にさらされる「人質」の状態にあり、北朝鮮からの攻撃に米軍が自動的に参戦を迫られる「トリップ・ワイヤ」(仕掛け線＝人や動物を引っかける罠)として相互抑止を働かせてきた。だが、米国防総省は朝鮮戦争から続いた防衛態勢の大転換を図っている。陸上部隊や司令部をソウル南方の漢江以南に引くことで、米軍は死傷者を出したり、損失を被ったりすることなく、北朝鮮に攻撃を仕掛けることも可能な態勢へのシフトを決定した。これは先制攻撃も辞さない「ブッシュ・ドクトリン」を具現化する動きにほかならない。

二〇〇四年十月、米韓両政府は総勢三万七千人(当時)の在韓米軍の三分の一に当たる一万二千五百人を、二〇〇八年九月までに三段階に分けて削減することなどで、正式に合意した。在韓米軍部隊のうち、すでにイラクへ派兵された三千六百人も含めて、まず五千人を削減、さらに二〇〇五〜〇六年に五千人、二〇〇七〜〇八年に残る二千五百人をそれぞれ減らす計画である。

四十一ヵ所ある主要な基地については、二〇一〇年までに二十三ヵ所に統合し、ソウルより北の南北軍事境界線に沿って張り付く第二歩兵師団の大半をソウルより南に移す。ただし、北朝鮮の長距離砲に対応するために、軍事境界線付近に配置された在韓米軍の多連装砲部隊は、韓国の要請を受けて削減対象から除外した。削減部隊の主要な戦闘装備も残して、有事にはただちに使用できる態勢を維持することになったが、在韓米軍などの司令部があるソウル龍山基地は、二〇〇八年までにソウルの南六十キロの京畿道の平沢地区に移転する。

在韓米軍の削減と相まって安全保障専門家の間では、「アチソン・ライン」の再現を懸念する人もいた。アチソン・ラインとは、一九五〇年一月十二日、アチソン米国務長官が演説で言及した「不後退防衛線」のことである。アリューシャン列島から日本列島、フィリピンを対ソ防衛線と位置づけたもので、韓国、台湾、インドシナはそのラインの外に置かれている。これが北朝鮮に、米軍による防衛ラインが後退するという誤ったメッセージを送る結果となり、半年後の六月二十五日、北朝鮮軍による三十八度線全域での砲撃で、朝鮮戦争が勃発したとも言われている。米軍の反撃で三十八度線に押し戻したものの、一時は首都ソウルが陥落し、韓国は崩壊の一歩手前まで陥った。

アチソン・ラインのときほど明示的ではないにせよ、米軍が韓国から部分的に撤収して南方シフトを進める一方で在日米陸軍司令部を強化することは、朝鮮半島有事や中台有事に備え、米軍が前線の司令部機能に韓国と日本で二重の担保をかける形となる。韓国の安全保障関係者の間では、米軍再編の結果、在韓米軍司令官（四つ星＝大将）と在日米軍司令官（三つ星＝中将）の序列がいずれ逆転するのではないかという懸念も広がっていたのである。

条文と実態の断層

地球面積の半分をカバーし、その任務と役割を誇示する第一軍団司令部の移転構想に対して、審議官級協議に出席した日本側の誰もが「日米安保条約第六条（「極東条項」）を逸脱するのではないか」と強い衝撃を受けた。米陸軍司令部の強化は朝鮮半島有事への備えなのか、対中国抑止を視野に入れた動きなのか、日本では安全保障の本質論が語られないまま、朝鮮半島から中東にかけての潜在的な紛争地域を指す「不安定の弧」というキーワードと、「極東条項」との整合性だけが大きくクローズアップされていった。

「不安定の弧」とは、米政府が二〇〇一年に発表した「四年ごとの国防戦略見直し（QDR）」に盛り込まれた言葉だが、米国側は再編協議でこのフレーズをほとんど使っていない。日本で言葉だけが一人歩きして、「極東条項」とのからみで問題視する見方が広がったことに、米国は戸惑いを持っていた。

米軍は、「不安定の弧」という言葉を使うまでもなく、当然のこととして地域にこだわらず、機動性と柔軟性の向上を目指している。つまり、「極東条項」がますます空洞化するのは避けられない。また、そもそも米政府内で極東条項を認識している人間はきわめて少ないし、極東条項を熟知する米国人も、日本の論議は現実離れしていると受け止めている。

これまで日本政府は、日米安保条約第六条をどのように解釈して、現実との溝を覆い隠してきたのだろうか。

日米安保条約の第六条は「極東における国際の平和及び安全の維持に寄与するため、アメリカ合衆国は、その陸軍、空軍及び海軍が日本国において施設及び区域を使用することを許される」と、極東有事の際に米軍が日本の基地から出撃することを認めている。

一九六〇年の政府統一見解は、「極東」の範囲を、「フィリピン以北、日本とその周辺海域、韓国、台湾」と定義した。同時に、「極東の区域に対して武力攻撃が行われ、あるいは、この区域の安全が周辺地域に起こった事情のため脅威されるような場合、米国がこれに対処するためとることのある行動の範囲は、その攻撃または脅威の性質いかんにかかるのであって、必ずしも極東の区域に局限されるわけではない」と抜け道を併記している。

政府はまた、「日米安保条約第六条の趣旨は、施設・区域を使用する米軍の能力や任務を極東地域内に限定することにあるのではなく、第六条が定める目的に合致した施設・区域の使用が行われているか否かは、施設・区域を使用する米軍が、我が国を含む極東における国際の平和と安全の維持に寄与する役割を現実に果たしているという実態があるかどうかによって判断されるべきものである」との見解も示している。

つまり、結果的に「極東の平和と安全に寄与」すればよいとの論理で、域外での活動を可能とする能力と任務を容認しているのである。日米安保条約にかかわる外務省、防衛庁の担当者は、こうした理屈で極東の範囲外でも活動できる米軍を、「寄与米軍」と呼んでいる。

他方、一九六〇年の日米安保条約改定・調印の際、両国政府が第六条に関して交わした岸・ハーター交換公文は、事前協議制度を規定している。事前協議の対象は、日本への米軍配置・米軍装備の重要な変更、日本からの戦闘行動のための基地使用であるが、協議が行われたことは一度もない。

古くはベトナム戦争時に、爆撃機が在日米軍基地から出撃している。湾岸戦争では沖縄の海兵隊などが派遣されたが、政府は核の持ち込みを含めて、「米国側から協議がないので、要協議事項はないものと信頼している」と協議の前提がないとの立場を堅持してきた。在日米軍が極東の範囲を越えたことが明白になっても、「米軍の運用上の都合により、米軍が我が国から他の地域に移動することは事前協議の対象にならない」として、極東を越える実態との乖離を、「移動」名目で切り抜けてきた。

要約すれば、「極東条項の地理的な範囲を越えても在日米軍は極東の平和と安全を理由に活動できる」「戦闘行動で極東条項のエリアを越える場合は『移動』名目で切り抜け、事前協議の対象としない」という論理だ。あらゆる場面で建前と本音が交錯して、双方を巧みに使い分ける日本の独自性が、安全保障の分野でも如実に表れている。

この理屈を突き詰めれば、在日米軍は「寄与米軍」として、世界中どこでも活動が可能になりかねない。国際テロのように、その脅威が地理的にも質的にも特定が困難であれば、地理的範囲を定めることにそもそも意味はない。さらには、B2戦略爆撃機のような進歩した長距離爆撃機の出現や射程千キロを超える超精密巡航ミサイル・トマホークの開発など、一九六〇年当時では想定しえなかった軍事技術のもとで、「極東条項」が現実と乖離しているという認識は、米政府関係者は言うまでもなく、外務省や防衛庁の安全保障担当者の間でも定着している。

しかし、日米安保条約を所管する外務省は、この「建前」と「本音」の深い溝を表向きは決して認めようとしない。在日米軍が実際にどこで活動しようとも、日本の米軍司令部がどこまでの範囲を指揮しようとも、あくまで名目上「日本防衛と極東の範囲」と定めて、それを越えたら「極東の平和と安全に寄与している」という論を貫けばいいと考えている。

このようにして、日本政府は条文と実態の断層を解釈で埋めてきたのである。しかし、太平洋地域のほぼ全域をカバーする米陸軍第一軍団司令部がそのまま移転してくるとなると、話は別だ。外務省のみならず防衛庁さえも、安保条約第六条の極東条項に真正面から抵触すると判断せざるをえなかった。

ただ、これはあくまで法解釈上の話であり、米軍の運用実態が極東条項と大きくかけ離れていることは、日米安保条約に精通した官僚は公言しないまでも熟知している。日米安保に長年かかわってきた官僚の一人は、極東条項は守られているとの立場を貫く日本政府の対応を、「独り相撲」と言ってはばからない。

公論の回避

これまで見てきた通り、二〇〇三年十一月二十日の段階で、米国はすでに在日米軍再編案の骨格を固めて、日本政府に提示していたのである。共同通信が米陸軍第一軍団司令部のキャンプ座間への移転案を報じたのは二〇〇四年三月で、これを皮切りに日本メディアで再編案が次第に報じられていく。だが日本政府は「米国からは何ら具体的な提案はない」と言い続け、公論に諮ることを懸命に避けてきた。

日米審議官級協議が終わった直後の十一月二十五日、ブッシュは国外に展開している米軍部隊の構成や基地の再編に向け、北大西洋条約機構や日韓両国など同盟国との本格的協議に臨むとの声明を発表した。

――冷戦終結後、米国と友好国、同盟国がかつて直面してきた脅威は「ならず者国家」

やグローバルなテロリズム、大量破壊兵器と関連したより予測しがたい危険に取って代わられた。新たな課題により適切に対処するため、グローバルな軍事態勢の再編に着手しなければならない。目的を達成するため、友好国および同盟国が軍事態勢の見直しに十分に参加することを要望する。完全に変革され強化された海外における米国の軍事態勢は、平和と自由という共通の目的のための、より効果的な集団的行動に対する米国のコミットメントを明確なものにするだろう――

ブッシュは声明により、米軍再編問題に世界規模で取り組む基本方針と決意を打ち出して、同盟国の対応を見極めようとしていた。この声明は二十四日、発表に先立って対日政策グループの重鎮、アーミテージ国務副長官から駐米大使の加藤良三に伝達されている。世界規模の米軍再編の波が、当初の方針よりも在日米軍基地に大きくおよぶ見通しとなったことを踏まえ、アーミテージが旧知の加藤に大統領発言を事前に連絡する配慮を見せたのである。アジアでもっとも重要な同盟国と位置付ける日本の考え方を、アジアでの再編にできるだけ反映させようと考えていたのではないだろうか。

外務省は在日米軍再編の提案を受け、「抑止力の維持」と「基地負担の軽減」という原則を決めた。この原則は二〇〇四年一月中旬に訪米した外務省北米局長の海老原紳が、国防次官補ロドマンに伝達している。

事務レベルでは当初、負担軽減と並び、中国や北朝鮮をにらんで「抑止力の強化」を打ち出そうとしたが、沖縄からの反発を警戒した首相官邸の意向で「抑止力の維持」にとどまった経緯がある。

原則を掲げたのは、再編協議に臨む基本的な姿勢を打ち出さなければ、米国のペースで進みかねず、国民の理解を得にくいとの判断が働いたからだ。負担軽減とは沖縄米軍基地による負担軽減とほぼ同義語である。ここで人身を巻き込む大きな事故が起きれば、日米同盟そのものが揺らぐのは間違いない。同盟関係を堅持するためにも目に見える負担軽減を実現させなければならないとの狙いがあったが、裏返せば、原則以上の対案をまとめ上げる確信も見通しも持ち得なかった証左と言える。

二〇〇三年の五月に米国が提示を促した対案は、大統領声明の時点でも、まだ検討されていない。

第３章　米国が見せた沖縄への「配慮」

「これは日本政府の責任だ」

「小泉首相は沖縄の負担を軽減する必要があると繰り返し発言しているが、日本による代替施設の提供がまったく進まないから負担を軽減できないのだ。これは日本政府の責任だ」「代替施設の提供が遅れるほど、沖縄県民のリスクが大きくなるのではないか。タイムリーな決断がなければ成功はしない。日本側の話を聞いていると、何年かかってでも最良の結果を待つような印象を受けるが、われわれはいつまでも待つことはできない」

二〇〇四年四月二十六、二十七両日、東京で開かれた日米審議官級協議で、ローレス国防副次官補らはこう前置きしてから、沖縄米軍基地の象徴である普天間《ふてんま》飛行場（沖縄県宜《ぎ》野湾《のわん》市）について、一九九六年の日米合意（SACO最終報告）に基づく名護市辺野古《へのこ》沖への移設を八年以内、二〇一二年までに完了させるよう要求してきた。

ローレスは、日本政府・沖縄県・名護市の調整で、二〇〇四年中に八年以内の移設を決められなければ、同県内で別の移設先を選定する方針を伝え、「普天間規模の航空基地は作戦遂行の支援と緊急事態への対処に絶対に必要だ」と強調した。しかし、たなざらし状態が続いていた普天間飛行場の移設問題を、年末までの残り八ヵ月で決着させるのは困難だった。米国の提案を、日本側の誰もが事実上の移設先変更の打診と受け止めた。

前年十一月に来日したラムズフェルド国防長官は、報道陣であふれ返る沖縄県庁会議室で、県知事の稲嶺恵一と会談した。この時、基地の騒音被害などを挙げ、「県民の基地感情はマグマのようだ。ひとたび穴があくと噴出する」と訴える稲嶺に対し、「騒音はむしろ減少している」と強く反論している。険悪な空気が漂い、ラムズフェルドが資料を束ねて、「日米安保は両国民に多くの利益をもたらした」と立ち上がりかけると、稲嶺は「安保で日本が経済大国になったことは認めるが、沖縄は二十七年間米国統治下におかれ、日本と離されていた」と食い下がった。接点がないまま四十分におよんだ会談は、双方が目をそらしながら握手をして終わった。

「歓迎されないところには基地は置かない」と日ごろから繰り返すラムズフェルドは、随行団と共に海兵隊のヘリで普天間飛行場を上空から視察した後、抑止力を軽減しない範囲で沖縄駐留の見直し案を作成するよう国防総省で指示した。日本政府が「沖縄の負担軽減にも配慮してほしい」と強く求めていたことも手伝い、米国では当初の予定になかった普天間飛行場の移設問題と一部海兵隊の本土移転構想が急浮上して、その後の大きな焦点になっていく。

来日に先立って、ワシントンの国防総省で日米特別行動委員会（SACO）最終報告について説明を受けたラムズフェルドは、「ようするに、名護市辺野古沖への移転はいつ実現するのか」と問いただしたが、そこに出席した誰もが明確に答えられなかった。

「これから順調に進んでも、おそらく十年から十五年かかるかもしれません」と聞いたラムズフェルドは驚いて、「もっと早く移転できる方法を考えるべきではないか。どんなに努力しても事故はゼロにならない。危険な基地を放っておくのは米国の利益にならない」と早急な移転の道を探るよう指示している。米国が四月の会合で普天間飛行場の早期移設を迫った裏には、ラムズフェルドの強い意向が働いていた。移設の遅れに強い不満を抱きつつも、それは日本側の問題として積極的な関与を避けてきた米国の姿勢が、大きく転換した瞬間だった。

米政府関係者は「日米同盟の強化に向けてどんな高邁《こうまい》な論議を積み重ねようとも、普天間飛行場周辺で大きな墜落事故でも起きれば、米軍撤退の県民世論がふたたび噴き出して、日米同盟が根幹から崩れかねない。何としても普天間飛行場を別の場所に移設させたい」と、ラムズフェルドの思いを代弁する。

本来は日本政府が、名護市辺野古沖への移転が進まない現状を放置せず、早期移転のための打開策を練っておくべきだった。その意味で、普天間飛行場の移設問題は今日の在日米軍再編とはもともと直接的な関係はなく、SACO最終報告の中で積み残した日米間のトゲだった点を指摘しておかなければならない。

沖縄の相克

前章で述べた、米陸軍第一軍団司令部のキャンプ座間移転は、日米同盟を変質させる触媒になり得る点で、安全保障政策の根幹にかかわる大きな問題を内在しているが、地元住民への負担という面では相対的に見て沖縄の比ではない。在日米軍の大半は、沖縄に存在しており、その負担軽減については歴代内閣も繰り返し言及してきた。沖縄の米軍基地の現状と、普天間飛行場の返還問題の過去の経緯を振り返っておこう。

沖縄米軍基地は「太平洋の要石」と呼ばれ、米政府は東アジアの戦略拠点と位置付けている。在沖縄米軍は海兵隊約一万五千人を筆頭に、陸海空各軍をあわせて二万五千人を超える。東アジア最大の空軍嘉手納《かでな》基地、海兵隊の普天間飛行場、米軍唯一のジャングル戦訓練施設の北部訓練場など三十七施設の総面積は約二万三千七百ヘクタール。これは県土面積の約一〇％（沖縄本島においては一九％）である。自衛隊との共用部分を除く米軍専用施設の面積でいうと、在日米軍全体の七五％が沖縄に存在することになる。うるま市のキャンプ・コートニーに司令部を置く第三海兵遠征軍は、米本土外で唯一常時配備されている海兵隊の実戦部隊である。

こうした過重な「負担」による悪影響は、さまざまな形で表面化してきた。

沖縄県によると、一九七二年の本土復帰後、二〇〇五年七月までに四十一件の墜落を含む三百六十二件の航空機関連の事故が発生し、二〇〇五年三月までに殺人や強盗、放火など五百四十一件の凶悪犯罪を含む五千三百二十八件の米兵、軍属がらみの事件が起きた。

また、大きな被害を出した航空機の墜落事故も過去に起きている。本土復帰以前の一九五九年六月に、石川市の宮森小学校に米軍ジェット機が墜落し、児童十一人と住民六人が死亡、二百人以上が負傷する大惨事が起きたことを、沖縄県民は忘れていない。環境基準を大幅に超える航空機騒音や、実弾演習に対する不安も恒常化している。

米軍基地は都市計画や振興策にも大きな制約となっているが、一方で、米軍基地に伴う基地関連の経済効果は計千九百三十一億円にのぼる（二〇〇二年度）。その内訳は軍人・軍属の消費支出五百二十三億円、軍雇用者の所得五百四十億円、軍用地料収入八百六十九億円（自衛隊分百二億円を含む）となっている。県民総支出に占める米軍関係の受け取り金額の割合（基地経済依存度）は五・二％だが、米軍基地による負担の対価として、さまざまな公共事業費が投入されており、基地経済に依存する実質的な比率はこの数字よりさらに大きくなる。

たなざらしの移設問題

宜野湾市にある普天間飛行場は、市総面積の約四分の一を占めている。東京ドーム全体

普天間飛行場（写真提供：共同通信社）

が百個すっぽりと収まる広さである。宜野湾市の人口は約八万八千人。市のど真ん中に広がる普天間飛行場をドーナツ状に取り囲むように住宅が林立し、その上空では連日のようにヘリ部隊の旋回訓練が繰り返されている。空中給油機の離着陸訓練などによる騒音被害に加え、墜落事故の危険を常に抱えながら人々は暮らす。

普天間飛行場は米海兵隊専用の施設で、緊急時に米国本土などから大量の物資や兵員を空輸するための滑走路、空中給油機の運用、部隊を輸送するヘリコプターのヘリポートという三つの機能がある。

一九九五年の少女暴行事件をきっかけに発足した日米特別行動委員会（ＳＡＣＯ）が、九六年十二月の最終報告で、県内移設を条件に五〜七年以内に普天間飛行場を全面返還することで合意し、政府は「名護市辺野古沿岸域」海上での代替施設建設を決定している。当時の計画では、滑走路を千三百メートルとしたため、使用はヘリコプターと「短距離で離着陸できる航空機」に限定されていた。SACO最終報告は、普天間飛行場の移設を含め、県内十一の米軍施設の返還を明記しているが、大半は県内移設が返還条件で、完全に実現したのは一施設に過ぎない。

SACO最終報告の合意通りに進めば、遅くとも二〇〇三年末までには普天間飛行場の全面返還が実現しているはずだった。だが、一九九八年二月六日、沖縄県知事の大田昌秀は記者会見で、返還に伴う名護市沖への海上ヘリ基地建設反対を表明して、「建設に反対する多くの県民の意思は、『基地のない平和な沖縄を実現する』という県政運営の基本理念に合致する」と宣言した。これにより普天間返還計画は事実上凍結された。

その年の十一月、沖縄県知事選で稲嶺恵一が大田を破って当選を果たす。選挙戦で稲嶺は、普天間飛行場の代替施設を、供用開始から十五年後に米軍が返還するという「十五年使用期限」を公約に掲げた。名護市長の岸本建男《たてお》も、一九九九年十二月二十七日に、十五年の米軍使用期限を移設の条件として正式に表明した。政府は翌二十八日の閣議で、普天間飛行場の移設先を「キャンプ・シュワブ水域内沖縄県名護市辺野古沿岸域」とあらためて確認し、軍民共用空港として整備を図るとともに、基地問題や沖縄振興に取り組むとの

名護市辺野古沿岸域。中央の半島部はキャンプ・シャワブ
(写真提供：共同通信社)

政府方針を決定した。

国と沖縄県などは同飛行場の代替施設として、二〇〇二年七月、名護市辺野古沖の約百八十四ヘクタールを埋め立てる方式に切り替え、全長約二千五百メートルの軍民共用空港を建設する基本計画で合意した。建設費は約三千三百億円、環境アセスメントを経て、工期は九年半を見込んでいた。

大田の海上ヘリ基地建設反対表明から稲嶺の当選、これに伴う工法の変更、環境アセスメントの着手の遅れと建設反対派住民の運動により、普天間飛行場の移設作業は停滞している。

稲嶺が公約に掲げた「十五年使用期限」は、あくまで供用開始からの期間であり、この公約が障害となって移設作業が滞ったわけではない。ただ、環境アセスメントや建設にかかる約十三年を含めれば、十五年後の米軍撤収は事実上四半世紀以上も先の話であり、米政府内では「非現実的な条件」との声が支配的だった。いっこうに進まない移設計画に米国側の不満はくすぶり続け、このマグマが事実上の計画見直し案として、二〇〇四年四月の東京会合で俎上《そじょう》にのったわけだ。

それから四ヵ月後の二〇〇四年八月十三日午後二時すぎ、米国の懸念が現実のものとなる。普天間飛行場に隣接する沖縄国際大学構内に、米軍CH53D大型輸送ヘリコプターが墜落して炎上、乗員の男性海兵隊員三人が重軽傷を負った。爆発で周辺の住宅街半径三百数十メートルにわたり部品が飛散し、民家や車が損傷する被害が出た。奇跡的にも学生や民間人にけがはなかったが、あらためて同飛行場の閉鎖や返還を求める声が強まり、米国側は移設問題の早期決着を強く促していく。

封印された負担軽減案

話を二〇〇四年四月の日米審議官級協議に戻したい。

この席で米国側は、きわめて具体的に在沖縄米軍の移転・削減案を提示していた。その事実と提案の全容を、日本政府は今も伏せている。大半が国内移転であり、新たに部隊を移す候補地の自治体に拒否されれば、日本政府の責任は免れないからだ。

では、在沖縄米軍の削減案はどのような内容だったのだろうか。それは普天間飛行場の問題に加え、二〇〇八年以降に第一二海兵連隊の砲兵部隊八百人、第四海兵連隊の歩兵大隊九百人、輸送・補給部隊七百人、支援部門二百人の計二千六百人を沖縄県から日本本土内へ移転するというものだった。移転先に関しては、米国側が①海兵部隊の移動に活用する高速輸送船（時速五十五キロ以上）を日本が購入、提供、②港湾、空港への利便性確保、③軍人と家族の三百世帯分の福利厚生施設の整備——という三条件を示し、日本政府に国内の移転先を選定するよう要求している。

米国は第一二海兵連隊の砲兵部隊や第四海兵連隊を、北海道の陸上自衛隊施設か海兵隊営舎地区「キャンプ富士」（静岡県）に移し、砲撃訓練を各地の陸上自衛隊演習場に分散させることを考えていた。そして「日米双方にとって望ましい選択肢ではない」とことわったうえで、三年以内に普天間飛行場のヘリ部隊を暫定的に嘉手納基地へ移すことを検討する姿勢を示し、海兵隊の空中給油機は、横田基地か岩国基地に移転すると確認した。

過去の日米協議で、米国がこれほど具体的な提案を示したことはない。沖縄の負担軽減は日本の歴代政権が繰り返し主張してきたにもかかわらず、在日米軍の再編協議で戦略を欠いた小泉政権は、この好機に回答のボールを投げ返すことができなかった（終章でふれるように、普天間移設問題は日本政府内で漂流してしまったのだが、もしこの時点で、日本が嘉手納基地に普天間のヘリ部隊を統合することに積極姿勢を見せていれば、その後の展開はまったく異なっていたかもしれない）。

負担軽減の必要性を口では唱えながらも、現状を変化させることによって生じかねない抑止力低下の不安、米国に促されるまでは在沖縄米軍基地の本土移転などシミュレーションとしても検討していない無策ぶり。そもそも日本政府は、在沖縄米軍の各部隊がいかなる機能を果たしているのかも、個別具体的に把握していない。米国に対して、日本案なるものを提示するための基礎知識すら持ち合わせていなかったのが実態なのである。

偶然だが、日米協議の二日目に、那覇防衛施設局は名護市辺野古沖などでの環境アセスメントに、翌日からとりかかると発表した。辺野古沖での海底ボーリング調査に反対し、辺野古漁港で座り込みを続ける住民らはこの日、調査延期を求める三千三百五十二人の署名を那覇防衛施設局職員に手渡している。

日米協議の最中にこのような発表がなされたという事実は、外務省と防衛庁が再編協議の内容に関する情報の保秘を最優先させて、防衛施設庁の出先機関として現場との調整に当たる那覇防衛施設局とまったく連携していなかったことを裏書きしている（防衛施設庁は防衛庁の機関の一部であり、米軍や自衛隊基地に使う土地・建物の買い上げ・借り入れ、防衛施設の建設・管理、騒音問題など基地周辺対策に当たっている。地方の防衛施設局はその出先機関)。

米国は、二〇〇八年までの間接的な負担軽減策として、沖縄の第三海兵師団に所属したまま、①在韓米軍削減に伴う「力の空白」を埋める目的で、韓国北部に新設予定の訓練場へ千人規模の大隊を送り込み定期訓練を行うこと、②千百九十人分の部隊をフィリピンはじめ東南アジアへ長期間にわたって展開すること——により、計二千百九十人をほぼ恒常的に海外で活動させる計画を示して、日本側に理解を求めた。

本土移転の計二千六百人と合わせた二段階の縮小により、在沖縄海兵隊のうち約三割に相当する計四千七百九十人を実質的に削減すると、米国は「配慮」をみせた。

また、米国は「未来に向けた沖縄パートナーシップ」と題して、沖縄での日米基地共同使用案も示した。具体的には、海上自衛隊P3C哨戒機の普天間飛行場への移転、航空自衛隊のパトリオット(PAC3)部隊などを嘉手納基地へ移してこの基地を共同使用、陸上自衛隊第一混成団のキャンプ・ハンセンへの移転と北部訓練場などでの共同演習、という構想である。いずれも日米共同作戦を想定していたのは言うまでもない。

空幕の組織防衛

沖縄の基地問題以外にも、二〇〇四年四月の東京会合では新たな提案がなされていた。

米軍と自衛隊による横田基地の共用化と、第五空軍司令部の一部が同基地に残ることである。第五空軍司令部の全面撤退案が修正されたのは、米空軍のカウンターパート（対等の相方）である航空自衛隊幕僚監部の強烈な巻き返しがあったからだ。

東京会合の直前、航空幕僚監部は防衛部の精鋭をワシントンに送り込み、国防副次官補のローレスとの直談判におよんで、航空総隊司令部（東京・府中市）を横田基地に移設する案を打診した。その結果、全面撤退の方針が修正されたのである。米国の提示した再編案に立ち往生する政府を横目に、空幕が「負担軽減」の芽を摘み取ってしまった事実を、首相官邸は把握していない。この話には前段がある。

「三つ星（中将）の司令官を残してほしい。再編案には航空自衛隊の意向がまったく反映されてない。米空軍と航空自衛隊の連携を弱めるわけにはいかない」

二〇〇三年十二月、来日した海軍出身のファーゴ太平洋軍司令官に空幕幹部が要請すると、ファーゴは戸惑いの表情をのぞかせながら、隣の在日米軍司令官ワスコー中将に「一体どうなっているのか。空自としっかり調整しているのか」と詰問した。第五空軍司令部の移転構想に深く関与したのは、ハワイの太平洋空軍司令官ベガートである。彼は輸送機パイロットの経験が長く、日本の事情を熟知していない。空軍がらみの再編案はベガートからファーゴを経由して国防総省でいったんは固まっていたが、この時の空幕幹部のファーゴへの働きかけが一部見直しの布石となった。

米空軍はその後、グアムを戦略輸送の拠点とする計画を変更してハワイの太平洋空軍を強化する方針に転換、これに連動してラムズフェルド国防長官も第五空軍司令部の日本残留を受け入れていく。

空幕が再編案の見直しを求めたのは、米空軍の前方展開のラインが将来的に後退していく突破口になりかねないという憂慮もあるだろうが、それ以上に、米空軍の中将が在日米軍司令官を兼ねていることによる、空軍同士の意思疎通のパイプ確保という組織防衛の側面があった。二〇〇一年、海上自衛隊のアラビア海への艦船派遣では、米海軍と海上自衛隊が水面下で独自に連携し、アーミテージ国務副長官と柳井俊二駐米大使を動かして自衛隊派遣へのレールを敷いた。軍と軍が手を結んで事態を動かす構図は、米軍再編をめぐる動きからも見てとれる。

空幕が横田基地への移転を米国に持ちかけた航空総隊司令部は、戦闘機部隊、防空レーダー部隊、パトリオット部隊を束ねている。自動警戒管制組織（バッジシステム）と呼ばれる高度な通信網の情報に基づいて、防空情報を集約して分析、各部隊を即応させる中枢的な役割を担う。航空総隊司令官は、二〇〇六年度末から配備するミサイル防衛（MD）システムの指揮官を兼務する。

航空総隊司令部の横田移転案は、一九九四年に当時のマイヤーズ在日米軍司令官（後の米統合参謀本部議長）と石塚勲航空幕僚長が、在日米空軍司令部と航空幕僚監部でひそかに移転の可能性を調査した共同研究文書に署名したのが発端である。クリントン政権が九〇年代初頭に、海外に駐留する米軍の削減を進めて、横田基地の米空軍C130輸送機が大幅に削減される見通しになったことが共同研究のきっかけとなった。

一方、航空自衛隊にとっては、府中市の市街地にあって滑走路を持たない航空総隊司令部を、横田基地に移して一体化する狙いがあり、クリントン政権の動きは渡りに船だった。だが、集団的自衛権行使の問題がクローズアップされるのではないかとの警戒感から、この共同文書と署名の事実は今に至るまで公表されていない。前述したバッジシステムの更新完了を二〇〇九年度に控え、空幕は米軍再編のタイミングに乗じて悲願の達成も狙ったのである。

横田基地の軍民共用化

米国が提案してきた横田基地の軍民共用化は、もともと小泉首相が二〇〇三年五月二十三日に、ブッシュ大統領とテキサス州クロフォードで会談した際に検討を求めて、大統領が前向きな対応を約束した経緯がある。会談では小泉が「横田基地の重要な役割は承知しているが、都心に近いので何らかの形で民間との共用を行い、一層活用できないか考えてほしい」と要請した。ブッシュは「了解した。実現可能性を検討したい」と応じ、事務レベルでの協議開始を合意していた。

これは、東京都知事の石原慎太郎が横田基地の「返還・軍民共用化」を公約の柱に掲げ、羽田空港の国際化を推進するためにも横田を国内線で使用できるよう、繰り返し日米両政府に訴えたことに端を発している。石原は二〇〇二年十月に訪米した際、アーミテージ国務副長官らに軍民共用化案を説いてまわったが、米国は「政府間で話し合うべき問題である」と深入りを避けていた。

横田基地の軍民共用化については、米軍は必ずしも積極的ではなかった。にもかかわらず事務レベルの協議には合意した。それはなぜか。日本側に米政府の譲歩を示すことで、在日米軍の再編を加速させるためである。このように「アメとムチ」を巧みに使い分ける米国の交渉戦術は、再編協議の随所にあらわれている。

米国は、横田基地の機能変更を「概念にとどまらず具体化を目指す」として、まず米軍と自衛隊の共同戦略輸送センターにすること、それから軍民共同使用という順序で、「相互に情報を提供し合い、実現可能性を研究したい」と集中的な協議を提案している。「軍軍」（米軍と自衛隊）と「軍民」をワンセットにするが、検討の最優先はあくまで「軍軍」

の協力とする姿勢を崩さず、「軍民共用化で横田基地が有する重要な軍事作戦機能を損なわせないことが前提だ」とくぎを刺すことも忘れなかった。米軍と自衛隊の共存が最優先されて、東京都がのぞむ軍民共用化は二の次にされたのである。

それぞれについて日米両政府による作業部会を年内に設け、二〇〇五年中に実現の可能性について結論を出すよう促すと同時に、共同戦略輸送センターは北東アジアから中東を幅広くカバーする考えを伝達している。米国側は横田基地に限定せず、将来的には「米軍と自衛隊の双方による互いの基地利用機会の増加」も持ちかけた。

第五空軍司令部の移転構想はその後、紆余《うよ》曲折をたどり、最終的には白紙に戻ることになる。

「もう十分じゃないか」

米国は五ヵ月後の二〇〇四年九月に、日米の外交、防衛担当閣僚による日米安全保障協議委員会（2プラス2）を開いて、在日米軍再編の基本方向を文書で公表し、十一月にチリ（サンティアゴ）で開かれるAPEC（アジア太平洋経済協力会議）首脳会議に合わせた小泉とブッシュのトップ会談で再編の具体像を合意したい、との意向を伝えて帰国の途に就いた。

「米国の意向に沿って自衛隊をイラクに派遣し、ミサイル防衛（ＭＤ）システムの導入も決めた。もう十分じゃないか。米国はそんなに同盟国を困らせたいのか。小泉政権は安全保障ばかりやっていると受け取られてしまう」

日米審議官級協議の報告を受けた福田康夫官房長官はこう語り、再編協議の加速に難色を示した。米国側には複数のルートで、「七月の参院選が終わるまで、再編問題の結論を出すのは待ってほしい」と懇願している。

二〇〇四年初めにイラク南部のサマワに派遣した陸上自衛隊の活動は、軌道に乗りはじめたばかりだった。前年末には、ＭＤの導入決定にも踏み切った。９・11後のテロ対策特別措置法の成立とアラビア海への自衛隊派遣、イラク戦争を受けたイラク復興支援特別措置法と陸上部隊をふくむ自衛隊の投入……。次から次に注文を出されても困る。福田がそう受け止めても仕方ないほど、日本は同盟関係を最優先させて積極的に取り組んできた。

福田は二〇〇四年五月、国民年金保険料の未納問題を理由に官房長官を辞任した。ＭＤにせよ、自衛隊のイラク派遣にせよ、当初は必ずしも積極的ではなかった福田だが、最後は米国側と折り合いを付ける指導力を発揮してきた面は否定できない。外務省と防衛庁を抑えて官邸で政策を牽引してきた福田が首相官邸から去り、小泉政権は司令塔を喪失してしまった。

再編協議で取り上げられた基地や部隊は多岐にわたるため、錯綜した印象をあたえるかもしれない。しかし、それらは前章と本章で検討した再編の骨格から派生したものと考えてよい。つまり「米陸軍第一軍団司令部のキャンプ座間移転」と「第五空軍司令部のグアム移転」、そして「沖縄の基地問題（普天間飛行場の移設）」――この三つが在日米軍再編の中心的な課題であった。

第４章　深まる亀裂

最後通告

二〇〇四年七月十五日、サンフランシスコ——。外務省北米局参事官の長嶺安政ら日本側は、協議の冒頭で次のように切り出した。

「この協議で我々が話すことは、米国から提案されたアイデアに対して外務省と防衛庁の間で議論したものであり、日本政府全体の統一された意志ではない。首相官邸が了承しているのは自由な意見交換である」「在日米軍の再編はきわめて慎重な政治判断が求められる。正式な回答を示すには、再編の具体案の必要性を十分に検討するとともに、地元自治体を含めた国内関係者の意向を踏まえた高度な政治判断が欠かせない」

ようするに、私たちは日本政府として責任ある権限を委ねられてこの会合に出席しているのではないと、協議の入り口から予防線を張ったのである。米国がもっとも固執していた陸軍第一軍団司令部のキャンプ座間移転については、「地元と調整する必要があり、白紙に戻して検討したい」と再考を求めた。こうした日本側の対応は、在日米軍再編をめぐる日本外交が、事実上の機能停止に陥ったことを物語っている。

国防副次官に昇格したローレス、国務省日本部長リビアらは失望感を隠さなかった。そして、米国はこの席で、きわめて詳細な再編のスケジュールと具体的な人員を明らかにした。いわば日本側への「最後通告」である。以下にその内容を示す。

▼第五空軍司令部の第一三空軍司令部への統合
二〇〇四年八月一日　米政府から日本政府に公式通知
　　八月中旬　米国内で移転を発表
二〇〇五年　第一三空軍とキャンプ座間に移動開始
二〇〇七年　司令部要員二百四十人を六十九人に減らし実質的にグアムに司令部を移転

▼陸軍第一軍団司令部のキャンプ座間への移転
二〇〇四年九月一日　米政府から日本政府への公式通知
　　十月一日　米国内で移転を発表
　　十一月　キャンプ座間への移動を開始
二〇〇六年五月　キャンプ座間への移転を完了、キャンプ座間の要員は現在の千四百四十人から二千二百六十八人に増員

日本側が、「七月十一日投開票の参院選への悪影響を懸念している」として、再編協議

を進めない「口実」にしてきた参院選は、すでに終わっていた。選挙結果は、自民党が四十九議席にとどまる一方、民主党は五十議席を獲得して躍進した。ただし、与党は安定多数を確保、小泉と公明党代表の神崎武法は党首会談で、小泉続投による連立体制維持を確認した。

参院選が終わったタイミングを見計らって、米国は間髪入れずに具体的なスケジュールを示してきたのである。ローレスは、「九月以降、米議会で軍事態勢見直しを説明する必要があり、在韓米軍の再配置にからんで在日米軍の再編計画にも言及せざるを得ない」と早期の受け入れを迫り、在日米軍再編を二〇〇五年から二〇一一年までに実施すると明言した。

袋小路に陥った日本政府

米国の矢継ぎ早の提案に対して、日本側が受けたショックは甚だ大きかった。

「日米間の協議が整わない段階で、一方的に再編に着手することは決して受け入れられない。すべて正式な提案ではないことをこの場で確認してほしい」

白紙に戻して検討したいとの意向を伝えた日本と、再編の一刻も早い始動を目指して日程表まで提示した米国――。

「選挙まで待ってほしいと言ってきたのは日本ではないか。約束通り前向きに取り組んでほしい。米国から何も言わないからといって、何も協議されていないとは誰も受け止めない」「この問題には外国メディアも関心を持っており、われわれは議会にも報告しなければならない。われわれは日本だけでなく、各国と協議しているのに、日本との協議だけを説明しないのはどう見ても不自然ではないか」

ローレスをはじめ米国側関係者は、日本の対応に不満を一気に強めていく。太平洋を挟んでもっとも強固な同盟関係であると誇示する両国の再編問題をめぐる亀裂は、この会合を境として急速に深まった。

基地負担が増えかねない地元自治体、そして何より小泉政権に対するマイナスイメージを警戒して、日本政府はこの年の参院選まで、米軍再編がらみの検討をすべてストップさせていた。在日米軍再編は自治体との調整を伴うため、官僚レベルでは具体案を詰め切れず、首相官邸は参院選への悪影響を警戒して問題解決を棚上げしたのである。政権と与党の保身に加え、米軍再編にかかわってきた外務省、防衛庁の幹部の定期人事異動を控え、泥をかぶりたくないとの意識が影響していた側面もあるだろう。誰もが再編問題に背を向ける空白の期間が長引いて、米国は不信感だけを募らせた。

米国は、参院選が終わればすべてが動き出すと期待していた。しかし、対案を考える意志すらなかった日本側は、問題先送りのための言い逃れ以外に、打つ手を見出せなかった。

　在日米軍再編に関する報道についても、「具体的な見直し案が現時点で明らかになれば関係自治体が反発して、結果的に実現可能性が低くなる」として、日本側は「正式な提案は何ら受けていない」と報道各社の取材に対応することを説明し、米国側から一方的に公表しないよう頼み込んでいる。国内においては「依《よ》らしむべし、知らしむべからず」の姿勢で、米国側には協議の内容を一切口外しないよう懇願し続けた。しかしこのころから、日本のメディアでは在日米軍再編にからむ報道が目立ちはじめる。

　小泉をはじめ日本側は、この段階でも国会答弁や記者会見で「米国からは何ら具体的な提案はない」と繰り返していた。これは政府内で文書により統一された応答要領そのものにほかならない。米国は以上見てきた通り、二〇〇四年七月のサンフランシスコ会合できわめて詳細な再編スケジュールを示していたのである。

　日本政府は、関係自治体から協議内容の事実関係の確認を求められ、一方、マスコミ各社は真相を探ろうと取材攻勢をかける。米政府は日本の消極姿勢に不満と不信を蓄積させていく。日本政府は三方から受け身となり、袋小路に迷い込んでしまった。

米陸軍改革

米軍再編では陸、海、空、海兵隊という軍種ごとに、即応性の観点から組織改編の動きがあるが、特に陸上戦力についてはその動きが顕著だ。軍、軍団、師団、旅団といった階層構造の戦力構成は、固定的で作戦速度の鈍重な重装備の脅威には有効であっても、小規模で作戦速度の速い新たな脅威への対応は困難との判断から、柔軟な戦力構成を目指している。

陸軍第一軍団司令部のキャンプ座間移転構想でも大きな変化が起きた。日本側の消極的な姿勢とは裏腹に、米国は七月のサンフランシスコ会合で、再編の具体的な内容を詳細に説明している。やや複雑だが、その概要に触れておきたい。

まず、従来の軍団、師団、旅団という分類を全面的に見直して、戦力の指揮・統制機能をもつ「司令部機能ユニット」（UE＝Unit of employment）と、自己完結的でモジュール化された「戦闘部隊機能ユニット」（UA＝Unit of action）に再編する。UEはだいたい千人規模の編成で、約三千六百人のUAを最大で六つ指揮する。固定した部隊を隷下に置かず、任務に応じて必要なUAを調達するとともに、海軍や空軍、海兵隊の部隊も統合任務部隊として組み込む。UAは最新鋭の戦闘装甲車などで構成する「ストライカー旅団」を主軸として、輸送機で九十六時間以内に世界中どこへでも派兵が可能である。

ＵＥは広域司令部のＵＥＹ、前線で司令部の役割を果たすＵＥＸに区分される。太平洋軍の管轄区域にはハワイ、日本、韓国に各一つずつ計三司令部を配し、八つの戦闘部隊を編成する。このうちハワイの太平洋陸軍司令部をＵＥＹに改編して、キャンプ座間、烏山基地（韓国）にＵＥＸを置く構想だ。日本に移転する第一軍団司令部は、この概念に基づく現地米軍統合作戦司令部で、従来のように指揮系統に常時戦闘部隊を組み込まず、必要に応じて世界各地から調達することになる。

米国は、「軍団司令部はなくなり、ＵＥＸに改編するのだから、日米安保条約第六条の問題には抵触しない。有事になれば最前線に指揮所を設け、第一軍団司令部という名称も変更する可能性がある」と受け入れを求めた。そして、司令部要員と家族を含めて二千四百人程度が増員されれば、キャンプ座間周辺での経済効果は年間千七百万ドルに達するとの試算まで示している。

しかし、新たな陸軍司令部「ＵＥＸ」はあくまで仮称であり、実質的には旧陸軍第一軍団司令部であることに変わりはない。その任務が機動力と柔軟性を重視する以上、指揮命令の範囲が極東に限定されないケースはこれまで以上に増えるだろう。

輸送など後方支援の指揮命令にとどまっている在日米陸軍司令部はＵＥＸに衣替えすることになり、その任務は大きく変容する。太平洋軍司令官は具体的な作戦を遂行するために、太平洋各軍司令官を飛び越して、統合任務部隊を編成する。統合任務部隊の司令官には事態に応じて、陸、海、空、海兵隊の現地司令官が就いて、具体的な作戦計画を立案するとともに、太平洋各軍司令官から兵力の提供を受けて部隊全体の指揮にあたる。キャンプ座間への新設を目指すUEXのトップは、この統合任務部隊の司令官になり得るわけだ。すでに二〇〇四年末のスマトラ沖地震の際に救援を任務として、第三海兵遠征軍司令官をトップに統合任務部隊が編成された例がある。

再編の具体像

普天間飛行場の名護市辺野古沖への移転については、米国は大手ゼネコン・ベクテルの技術者も同席させて工期の短縮を求めた。日本側が、三年の環境アセスメントと九年半の建設期間を合わせて、完工まで十二年半を要すると説明すると、米国も工期の短縮は困難との認識に傾いたが、それで納得したわけではない。

ローレスらは、「普天間飛行場で事故が起きる危険性を常に抱えながら、代替施設の完成まで待つことはできない。移転のめどがつかない以上、新たな移設先を考えることも含めて首脳部に相談せざるを得ない。代替施設の移転が遅れれば遅れるほど、危険は大きくなる」と述べて、日米特別行動委員会（SACO）最終報告を見直す可能性を強く示唆したのである。

このほか、七月のサンフランシスコ会合では再編の具体像が次々に提案された。その概要を整理しておきたい。

二〇〇八年以降に予定している、沖縄の第一二海兵連隊砲兵部隊八百人の日本本土移転については、北海道東部の矢臼別《やうすべつ》演習場（別海《べつかい》町など三町）を第一候補地とする。「キャンプ富士」（静岡県御殿場市）への移転は米政府内で検討の結果、地元自治体の強い反発を理由に困難と判断された。

第五空軍司令部のグアム第一三空軍司令部への移転は、西太平洋に展開する米空軍の戦闘能力の強化が目的であり、日本防衛へのコミットメントも同時に強化する。グアムには常時戦闘態勢を維持できる戦闘司令部を設置し、爆撃能力と情報・監視・偵察能力の強化を図る。そして、第五空軍司令部の任務は、第一に日本の防衛とする。三つ星の司令官は日本側の要請を踏まえて、現在のまま横田基地に残る。この司令官は第一三空軍の責任担当区域と同じようにグアムからシンガポール、インドまでの一帯を所管して、航空戦の司令官としての役割に加え、人道的な支援や訓練でも司令官機能を果たす――。

前述した通り、航空幕僚監部の要望を受けて中将の司令官を残留させるものの、米国はその見返りとも言える形で、日米安保条約第六条の「極東条項」を大きく超える範囲を司令官が所掌すると伝えてきたのである。

「ゼロ回答」

「日本側の合意がないまま再編を進めるのはやめていただけないか」

二〇〇四年七月のサンフランシスコ会合の直後、細田博之官房長官は、ホワイトハウス国家安全保障会議（NSC）アジア上級部長のマイケル・グリーンに要請した。「参院選まで待ってほしい」という「逃げ口上」はもはや通用しない状況になっていた。

外務省は十一月の米大統領選挙を控え、米民主党大統領候補だった上院議員ケリーの勝利を期待していたわけではないが、選挙の結果が出てから再編協議をはじめても遅くないとの空気が省内に漂いはじめていた。ケリーは八月にオハイオ州シンシナティでの退役軍人団体の総会で演説し、ブッシュが表明したアジア、欧州からの最大七万人の米軍撤退について、「今はその時ではない。核兵器を持っている北朝鮮と交渉している時に、なぜ一方的に一万二千人規模の兵を朝鮮半島から引き揚げられるのか。誤ったシグナルを送ることになり、テロとの戦いにもマイナスだ」と批判していた。

このころ日本政府は、米国への申し入れ書をひそかに作成している。外務省と防衛庁ですり合わせた内容で、再編に慎重な外務省の意向を色濃く反映していた。そこには、結論を急ぐ米国の対応への危機感が表れている。

関係者によると、申し入れ書はまず、在日米軍の軍事態勢の見直しに関して、日本側も日米安保体制や、緊急時における米軍の来援の基盤維持の重要性を十分理解していると指摘する。続けて「わが国としても新たな安全保障環境に効果的に対応していきたい」と、同盟強化に向けた決意を強調してから、次のような問題点を列挙した。

在韓米軍が大幅に削減される一方、在日米軍で部隊の削減を伴わず、陸軍司令部が強化されるのは政治的ハードルが高い▽新たな陸軍司令部の任務は、「極東条項」の目的と整合性がとれるのか判然とせず、司令部の管轄区域の大幅な拡大で米国の世界戦略に巻き込まれるとの批判がある▽基地移転や機能強化には、議員や自治体など地元関係者から騒音の拡大やテロの標的になりかねないと反発が強い――。

そして、「このままの案で日本側内部の議論をすることはきわめて困難であり、十分な検討なく拙速に結論を得ることは避けるべきだ。抑止力の維持と沖縄等の地元負担軽減の観点から、日本側の考え方を作成したいが、まだかなりの時間がかかる」との見通しを示した。

申し入れの核心は、末尾に次のようにしたためられていた。

「米国の再編案が軍事的な合理性や日米安保条約との整合性から正当だと政府レベルで判

断しても、国民に受け入れられるかどうかを考慮した場合、日本政府が一連の案を受け入れない結論に至る可能性が十分にあり得る」

再編の具体案を知り得ない国民世論を盾に「ゼロ回答」を予告したのである。

米軍ヘリ墜落事故

二〇〇四年八月九日、細田官房長官、川口外相、石破防衛庁長官の三人が申し入れ書の文面を了承したのを受けて、東京・赤坂の米国大使館とワシントンの日本大使館を通じて、その内容を事務レベルで米政府に伝達する方針が決まった。

沖縄県宜野湾市で米軍ヘリ墜落事故が起きたのはそのわずか四日後だった。事故当時、小泉は夏休み中で、この日は事故直後に東京・六本木の映画館で『ディープ・ブルー』を観賞している。稲嶺沖縄県知事や伊波《いは》洋一宜野湾市長ら地元関係者が首相との会談を求めたものの、なかなか実現しないことに地元から反発の声が上がり、休み明け直後に急遽会談の日程が調整された。ただし、会談前から、沖縄側の期待が高まらないよう、小泉周辺は「首相は具体的な対応に言及しない」と予防線を張ることも忘れなかった。

八月二十五日夕、首相官邸で小泉と向きあった稲嶺は、米軍普天間飛行場の全機種の飛行を停止させるよう強く訴え、事故原因の徹底究明と再発防止策の確立を求めた。これに対し小泉は「沖縄の厳しい状況はわかる。できるだけ早く関係省庁と相談し、良い方策を出したい」と強調したものの、具体策には言及できなかった。会談は具体的な成果より、沖縄県民の強い反発を意識した儀礼的な色彩が濃厚だった。

稲嶺は、事故後に日本の捜査当局が米軍の同意を得られず現場検証できなかったのは、日米地位協定が障害になっていると指摘して、協定見直しを要求した。さらに米軍の整理・縮小、兵力削減の必要性に言及するとともに、「できるだけ早く沖縄に来ていただき、米軍基地をつぶさに見てほしい」と促した。

小泉は会談後、記者団に「沖縄米軍基地の問題は日本政府全体の問題だと思う。県民の憤りと不安な気持ちを米国にどう理解してもらうか」と米政府に配慮を求める考えを示し、沖縄の負担軽減の必要性を強調した。

この会談で、小泉が「わたしも米軍基地がある横須賀の出身だから、沖縄県民の気持ちはわかります」と発言したことは公表されなかった。小泉の出身地である神奈川県には、米陸軍第一軍団司令部の移転構想が浮上しており、「基地の現状を知る政治家として沖縄の気持ちを共有しているならば、米陸軍第一軍団司令部の移転は拒むべきだ」という意見が高まりかねないとの警戒感が背後にあったことは想像に難くない。

小泉政権は、二〇〇三年十一月のハワイ会合以来、米国から提案されていた普天間飛行場の名護市辺野古沖への移転計画見直しや、沖縄海兵隊の本土移転構想を前に、身動きが取れないまま立ちすくんできた。沖縄の米軍基地問題に長年取り組んできた元自民党幹事長の野中広務は、TBSテレビの番組で米軍ヘリ墜落事故への首相の対応に触れて、「ヘリが落ちてすぐに東京に来ている稲嶺知事に、なぜ『夏休みだ』と言って会わなかったのか。沖縄の痛み、苦しみを何と心得ているのか非常に理解に苦しむ。国家戦略が欠けている」と切り捨てた。

だが、与党内から小泉の姿勢に批判の声は上がらず、ヘリ墜落事故は、沖縄の米軍基地問題に対する本土の関心の低さだけを際立たせる皮肉な結果になった。

殴り合い寸前

二〇〇四年八月二十七日、曇り空に覆われた米首都ワシントンの国務省七階——。

在日米軍再編で日本の回答を伝えるためワシントン入りした外務省北米局長の海老原紳と防衛庁防衛局長の飯原一樹は、米対日政策グループの頂点に立つアーミテージ国務副長官と対峙した。

二〇〇二年末の日米安全保障協議委員会（2プラス2）で、在日米軍をめぐる再編協議の開始を確認してから一年九ヵ月。日本政府は米国の相次ぐ打診にいまだ対案を投げ返せないまま、立ち往生していた。海老原らの訪米は、期限を付けずに日本の対案を作成する方針を米政府に伝えるのが目的だった。しかしこれは十一月の米大統領選の行方を見極めるための言い訳に近く、米国側はそれを見抜いて会談に臨み、不満を次々にぶつけてきた。封印されたやりとりを再現する。

海老原は次のように切り出した。

「再編問題では日本政府としての考え方を取りまとめたい。ただ、国際貢献と位置付けている自衛隊イラク派遣と異なり、これは国内問題であり、国民の日常生活に与える影響が大きい。新たに米軍が来ることを歓迎する国民はいない。日本では米国依存を脱却する考え方も出ており、ナショナリズムの観点からも米軍の移転を受け入れるのは難しい。キャンプ座間への米陸軍第一軍団司令部の移転受け入れは困難だ」

アーミテージはこれに対し、「再編問題をめぐる日米間の認識ギャップに驚いた。自衛隊のイラク派遣やアラビア海での海上自衛隊艦船による給油など日米同盟はうまく機能しているのに、なぜ再編が進まないのか。日米共に深い落とし穴にはまってしまったようだ」と皮肉り、「日本はエネルギーと食糧の海外依存率が高い。日本が自らの安全をいかに守るかが重要であり、日米同盟の堅持は双方にとってきわめて有益だ」とさとした。そして口をついて出た言葉が、「穴を掘り続けることはやめなければならない」である。

この後、海老原と飯原は、ホワイトハウス国家安全保障会議（NSC）アジア上級部長のグリーンと会談し、「米軍基地の機能が強化されて、北東アジアから中東まで管轄する新たな司令部が日本にくれば『巻き込まれ論』が噴出しかねない」と再編に難色を示した。「巻き込まれ論」とは、日米安保体制を維持していれば日本や自衛隊が自動的に米国の戦争に巻き込まれるとする論理で、六〇年安保闘争のころに米ソ冷戦を背景として主に革新勢力が主張していた。

米政府きっての日本通で知られるグリーンは、「巻き込まれ論？　そんな懐かしい言葉をわたしは久しぶりに聞きました」と強烈な嫌みを言い、「今ごろ何を言っているのですか。日本が九〇％以上の石油を依存している中東までの広い地域は、日米で戦略的な利益を共有しているのではないか」と説いた。ブッシュと小泉による日米同盟の強化をハードル競走にたとえたのも、このときのグリーンである。

一連の会談は、「日本側が対案をまとめる方針を示したのに対し、米国側は『考え方が出るのを待ちたい』と応じた」とだけ発表されたが、密室の協議で米国の不満は爆発寸前だったのが実態だ。

アーミテージ、グリーンとの会談に先立ち、海老原らは国防総省でローレスらとの局長会合に臨んでいた。このとき、①米国の提案にはさまざまな問題点があり、日本の考え方をまとめるには時間がかかる、②日本は検討を継続するが、結果的に受け入れられないとの政治判断を下す可能性がある――と先の申し入れ書のポイントに言及して、「再編案は、軍事的な合理性と、住民の生活に影響をおよぼすという視点のバランスをとってほしい」と求めた。だが途中、格上のウルフォウィッツ国防副長官が顔を出して、日米同盟の重要性を一方的に論じて、日本側に「圧力」をかける場面もあった。

米国側の交渉窓口であるローレスは翌九月の九日、都内のホテルで自民党政調会長の額賀福志郎と会談した。前月二十七日の局長級会合を振り返り、「激しい議論が交わされたが、殴り合いにはならなかった。日本はいつまで考えれば気が済むのか。参院選が終われば、結論を出すといいながら、いまだにまともな返事がない」と激しい憤りをあらわにした。

こうした日米両国政府の雰囲気に加え、再編問題をめぐる報道が相次ぐなかで、ようやく自民党も再編問題に重い腰を上げはじめた。九月上旬から党国防部会・防衛政策検討小委員会が日米安保に関する勉強会を頻繁に開いたが、説明者として呼ばれた官僚は再編協議の具体的な中身にはほとんど触れず、地元に米軍基地を有する議員の不満を「ガス抜き」する場としての側面が強かった。

自民党は十月下旬、新たに日米安保・基地再編合同調査会を設け、防衛庁長官を務めた額賀福志郎が座長に就任したものの、首相官邸が方向性を明示しない状況で、牽引役を果たせないまま一般論だけを繰り返した。

第5章　外務省と防衛庁の綱引き

ついに小泉が動いた

日本政府の姿勢に対する米政府高官の強い苛立ちの声が、小泉を動かした。二〇〇四年九月二十一日にはニューヨークでの日米首脳会談が控えていた。九月十日の閣議終了後、小泉は川口外相と石破防衛庁長官、細田官房長官を執務室に呼び、外務省と防衛庁が密接に連携して日本側の対案を作成するよう指示した。

「9・11以降の新たな安全保障環境に対応して、国際社会の平和と自国の安全を図ることは、日米の大きな課題である。米国が新たな国家戦略のもとに、米軍の全世界的な再配置を進めている今、わが国としても主体的に国家の安全保障戦略を構築し、米軍再配置の問題に積極的に取り組んでいくことが重要である。同時に、この取り組みには国民の理解と協力が不可欠であり、この機会に抑止力の維持とともに、基地のある地域の住民をはじめとする国民の負担軽減に努力を傾注する必要がある。こうした認識のもとで、関係省庁が緊密に連携して、日米間の役割分担のあり方を含め、包括的に検討してもらいたい」

「米国からは何ら具体的な提案はない」と対外的に繰り返してきた小泉が、はじめて在日米軍の再編に取り組む姿勢を明確に示した瞬間だった。

それまで小泉は、在日米軍再編問題を官房副長官の二橋《ふたはし》正弘に、ほぼ全面的に委ねていた。官房副長官は三人いるが、その中でも官僚機構のトップに立つ事務担当の副長官は、後で詳しく述べるように、政策決定に絶大な影響力を持っている。その二橋が外務省の意向を尊重した結果、防衛庁の大勢になってきた包括的な見直し論は、首相の耳に十分に届かず、米国では「首相はなぜ政治決断をしないのか」という不信感が広がった。細田官房長官の考え方も外務省に近かった。

防衛事務次官の直訴

小泉が指示を出す前日の午後、自民党前副総裁の山崎拓は小泉と官邸で会っていた。山崎は在日米軍の再編問題について、「外務省と防衛庁にまたがるだけでなく、地方自治体をも巻き込む問題なので内閣に司令塔が必要だ。米軍再編問題には受け身ではなく、日本の安全保障政策と合致するよう積極的に米国に提案していくべきだ」と進言している。山崎の言葉には、再編問題に正面から取り組むよう求める防衛庁サイドの意向が反映されていた。

首相を突き動かしたのは米政府高官の強い苛立ちだけではない。山崎と首相の会談に先立って、水面下で動いたのは防衛事務次官の守屋武昌だった。

「米軍再編は守りの姿勢で臨むべきではないと思います。チャンスを生かして、危険な地域の米軍基地は動かしましょう。ただ、新たに負担を抱える自治体の反発も予想されます。この問題に政府を挙げて取り組むよう、首相から指示を出す段取りを整えていただきたい」

こう訴える守屋に、自治体との調整が難航することを恐れる官房副長官二橋の反応は鈍かった。

「事務方のトップとして、政権の命運を左右するような真似はできない。小泉政権をつぶすわけにはいかない。総理から指示があれば別だが、事務方から言い出すわけにはいかないんだ」

二橋の言葉に「わかりました」と首を縦に振らざるを得なかった守屋は、旧知の首相秘書官小野次郎を通じて小泉の右腕である政務秘書官の飯島勲と接触を図る。首相秘書官には財務、外務、経済産業各省と警察庁から出向しているが、防衛庁はこのポストを与えられていない。警察庁出身の秘書官が防衛政策を兼務している。

過去十年間に安全保障関係で約三十本の法律が成立し、このうちテロ特措法、イラク特措法、武力攻撃事態法など約七割を小泉政権が手がけた。日米同盟の深化により、日本は米国と対等な立場で発言ができるのではないか——。首相官邸に自前の橋頭堡を持たない防衛庁は、頂上作戦に打って出た。

九月十日の首相指示の直前、守屋は記者の目を避けて官邸に入り、小泉と密会した。

「米軍再編は日本の安全保障の将来を形作るうえで好機と捉えるべきです。冷戦構造が崩壊して安全保障環境が激変したにもかかわらず、人口密集地に米軍基地が占領当時のまま残っている。ワシントンやニューヨークに自衛隊の基地が存在することを想像すれば、いまの状況がいかに異常なことか。首相の地元・神奈川県の厚木基地も昔は周囲に何もありませんでしたが、いまは市街地の中です。これを動かせるチャンスです」

会談は三十分におよんだ。黙って聞いていた小泉は最後に、「いい話じゃないか。やろうじゃないか」と身を乗り出して応じた後、「二橋さんにも言ってくれ」と付け加えた。

「いや、二橋さんは……」と言いよどむ守屋に対し、首相は「わかった。私から指示する」と引き取った。

官邸の政策決定の実態

守屋は九月十日の閣議後に、小泉の口から川口と石破、細田に対し、包括的な対案づくりを指示してもらう青写真を描いていた。だが、首相から関係閣僚に対する公式の指示は、官邸で政策を統括する事務担当の官房副長官、二橋の承認を得なければならない通例がある。

内閣総務官室からの連絡で守屋の動きを知った二橋は、「何を勝手なことやってるんだ。石破長官は了承しているのか。これでは私が何も仕事をしていないみたいじゃないか」と怒りを周囲に隠さなかった。

首相官邸の主、小泉は九月まで単に案件として「在日米軍再編問題」を知っていたに過ぎない。官邸の政策決定の実態は、必ずしも首相をトップとする一枚岩のピラミッド型ではない。首相および首相秘書官と、官房長官そして三人の官房副長官の二層構造になっている。官僚トップである事務担当の官房副長官が「裏方」として霞が関を束ねて、ここで物事は基本的にすべて決まると言っても過言ではない。

内閣官房副長官は一九九八年の内閣法改正で、それまでの衆院（政務担当）、官僚ＯＢ（事務担当）各一人の二人態勢から三人に増員された。自民党の参院側が参院枠も設けるよう要求したのを受けた対応だった。官房副長官の職務は、「内閣官房長官の職務を助け、命を受けて内閣官房の事務をつかさどり、及びあらかじめ内閣官房長官の定めるところにより内閣官房長官不在の場合その職務を代行する」（内閣法第一四条第三項）と規定されている。

このうち、事務担当の官房副長官（事務副長官）は、旧内務省、すなわち省庁再編前の官庁でいえば自治、厚生、建設、労働各省、そして警察庁の事務次官等経験者から選考する

「不文律」が存在している。二橋は自治省出身、前任の古川貞二郎は厚生省、その前の石原信雄は自治省の出身者である。旧大蔵省や旧通産省の事務次官経験者が事務副長官に登用されない背景には、強大な力を持つ官庁にこれ以上の権力を持たせないようにという力学も働いており、機能とバランスの両面から導き出された一種の知恵とも言える。

三人の副長官が補佐する官房長官の職務は、「内閣官房の事務を統轄し、所部の職員の服務につき、これを統督する」(内閣法第一三条第三項)と規定され、国政の重要課題についての企画立案や総合調整に加え、首相の相談相手として「女房役」も務める。

国会の重要政策や内閣提出の法案、人事などを決める閣議は、毎週火曜日と金曜日に開かれる。その前日には事務副長官の主催で事務次官会議が開かれ、ここで決まった案件でなければ翌日の閣議に諮ることができないのが実態だ。事務副長官が「陰の総理大臣」とも言われるゆえんである。政務副長官の二人が国会との連絡調整役であるのに対し、事務副長官は政策決定の生殺与奪権を握っている。省庁間の総合調整は、事務副長官と各省庁事務次官の下打ち合わせの段階でほとんど完了する。したがって、各省庁間にまたがる政策調整では、事務副長官の考え方と関係省庁との距離感が、政策の方向性に決定的な影響をおよぼす。

事務副長官である二橋は、旧自治省の出身である。自治官僚は幹部になると地方の副知事として出向するケースが多い。地方では予算や国との折衝の取りまとめ役として、県政を背後でコントロールすることから、他の官庁には、裏方で全体を取り仕切りたがる旧自治官僚の仕事を「副知事行政」と皮肉る隠語もある。

基地問題の難しさを知る二橋は、国内調整の観点をもっとも重視して、「小さくまとめろ。首相に上げるのは方向が定まってからでいい」という姿勢に徹した。首相の判断を逐一仰いだ郵政民営化関連法案や国・地方財政をめぐる三位一体改革などの内政問題とは対照的だった。

米軍再編問題をチャンスとして捉え、首相の指導力を期待する防衛庁や自衛隊から見れば、二橋の言動は「副知事行政」の典型と映った。二橋自身、静岡県副知事を務めた経験があり、今も静岡県関係者は厚い信頼を寄せている。

「スモール・パッケージ」派の巻き返し

小泉は結局、閣議、閣僚懇談会の終了後に川口と石破、細田を執務室に呼び、防衛庁が作成した文書を読み上げて、前述したように外務、防衛の連携を求めた。だが、この時点で政府内の舵が防衛庁寄りに急に切られたわけではない。

防衛事務次官の守屋は、九月十二日夜、日豪防衛次官級協議のためオーストラリアに出発した。そして、この間隙《かんげき》を縫うように、外務省が主導する「スモール・パッケージ」派が一気に動いたのである。

「スモール・パッケージ」は、米国が日本に示した再編案のうち日本側の国内調整を伴わないものばかりで、米国からすれば事実上の「ゼロ回答」だった。具体的には、横田基地・第五空軍司令部要員の大半をグアムの第一三空軍司令部に移す。航空総隊司令部（東京・府中市）を横田基地に移設して航空機の管制権を日本に返還し、自衛隊と米軍の共同使用と軍民共用化を同時に実施する。米陸軍第一軍団司令部のキャンプ座間への移転は受け入れない——。前述した通り、航空総隊司令部の横田基地移転は、すでに航空幕僚監部が裏ルートで米国側に持ちかけていた。

小泉は在日米軍再編の重要性を認識しはじめていたものの、個別具体論に立ち入る情勢認識も、強い意欲も持ち合わせていなかった。このころ小泉が腐心していたのは、二〇〇五年度予算編成にからむ国・地方財政の三位一体改革、そして、郵政民営化関連法案を翌年の通常国会で成立させるために、内閣と自民党役員人事の布陣をどうするかであった。

九月十四日、細田は川口、石破との会談をセットし、二十一日の日米首脳会談に合わせて、地元対策など国内調整を必要としない「スモール・パッケージ」を米国側に伝達する方針を示した。石破は拒否しないまま持ち帰り、包括案の早急な取りまとめを指示したものの、二橋はすでに先手を打って「スモール・パッケージ」で首相の内諾を取り付けていた。官邸筋は、「日米首脳会談を直前に控え『できるものから言うしかない』と首相は判断した」と解説するが、外務省と二橋、細田のラインが防衛庁の主張を押し切った側面が強い。防衛庁内からは、石破の政治力を嘆く声が漏れた。

小泉の承諾を踏まえ、外務省の海老原らは日米首脳会談の前日に、ワシントンで米国との局長会合に臨み、年末までに実現を目指す具体的な成果の内容として、この「スモール・パッケージ」を伝えた。横田基地の米第五空軍司令部と第一三空軍司令部の統合後、日本に残る司令部機能に関しては、日米安保条約の第六条を逸脱しないよう強く要求している。米陸軍第一軍団司令部を改編してキャンプ座間へ移転する計画は、極東の範囲を超える可能性や国内調整の難航を理由に、「政治的に受け入れられない」と明確に拒否した。

在日米軍再編構想の柱と位置付ける座間移転案を日本側が拒否したことに、当然のことながら米国は強く反発した。「スケルトン（Skeleton）」。直訳すれば骸骨。国防総省内からは、話に中身がないことを意味するこの言葉を使って、日本の対応を非難する声が上がった。

小泉は翌二十一日午後、ブッシュとニューヨーク市内のホテルで会談した。ブッシュは、「米軍再編の目的は能力がある力強い効率的な軍隊をつくることだ」と強調した。小泉が「抑止力を維持し、沖縄をはじめとする地元負担の軽減を考慮するべきだ。ヘリコプター墜落事故もあり、沖縄県民が不安を感じていることに留意しなければいけない」と述べると、ブッシュは「より効率的な抑止力を達成し、地元負担の軽減に努力していきたい」と応じた。

具体的な再編案をめぐる日米間の大きな溝を、原則論で覆い隠したのが会談の本質だったが、日本側は「ブッシュ大統領が負担軽減に明確にコミットした」とことさらに意義を強調してみせた。

自主防衛論者、小泉

ところで、小泉自身は在日米軍の再編問題をどう受け止めて、いかに対応しようとしていたのだろうか。外務省と防衛庁の官僚がいかに政策案を作ろうが、国の専管事項である安全保障政策では政治の決断が求められる。過去の言動から首相の考えを推し測ってみよう。

小泉は当初、陸軍第一軍団司令部のキャンプ座間移転案に対して、「新たな負担は受け入れられない」と外務、防衛官僚に難色を示していたが、これは二橋や外務省の意向を踏まえた考えだった。しかし米国が、第一軍団司令部を改編した新司令部について、日本の防衛と極東の安全保障を任務とするという立場を明確化した後は受け入れ姿勢に転じている。

二〇〇四年十月一日、小泉は講演で、沖縄の負担軽減に向けて米軍基地の本土移転を進めていく意向をはじめて示し、「政府は自治体に事前に相談し、自治体がオーケーした場合には米国と交渉する」と表明した。だが、海老原らが小泉の了解を得て九月に米国に示した対案は、国内調整が伴わない内容だけで、小泉の言葉は交渉の実態とかけ離れていた。「掛け声」先行の小泉スタイルを象徴する場面だった。

このころ小泉は外務省と防衛庁に対し、沖縄海兵隊の本土移転を念頭に、「日本全体として見て負担が軽減できるように、基地があるところは減らし、受け入れてくれる自治体に移すことができないか」と打診している。「沖縄に限らず、米軍基地の負担を自治体は望んでいないと米国に言えばいいじゃないか」と外務省に求めたが、「そんなことは言えるわけがない」という反応が支配的だった。外務省は従来から、米軍による抑止力の堅持をことあるごとに米国側と確認してきたからである。小泉が郵政民営化で見せたような強いこだわりを在日米軍再編問題で示さなかったことも、官僚の腰を重くした一因だった。

小泉には「対米追従」との批判が付きまとうが、こと日本防衛に関しては、自衛隊の自立を一貫して主張してきた人物である。

一九六九年、小泉は防衛庁長官を務めた父純也の急死を受け、留学先のロンドンから帰国、衆院選に打って出た。初の立候補では落選したが、当時の選挙公報には「現実にそうした事態が起きているかどうかは別として、日米安保条約が解消されたとき、日本の防衛がどうなるかを常に考えてこそ真の独立国と言えるのであります。独立国家としての自主独立心と道義心を喚起して正しい国家目標と使命を持つべきであります」と記している。

小泉は七二年に三十歳で衆院に初当選するまで、東京・野沢の福田赳夫《たけお》邸で書生を務めた。福田は、自主防衛力の拡充と自主憲法の制定を強く主張した元首相の岸信介から、派閥を継承した人物である。福田は首相当時、タブー視されていた有事法制の研究を指示している。小泉は、「自衛隊が軍隊でないのはおかしい」と憲法九条の改正を公言してはばからない。いわゆる「タカ派」の系譜に連なる政治家なのである。

過去の逸話を紹介したい。一九九一年五月二十一日朝、東京・赤坂の米駐日大使公邸では当時のクエール副大統領と自民党議員の朝食会が開かれていた。福田派を継承した元自民党幹事長、安倍晋太郎の死去直後で、旧安倍派の後継会長問題をめぐり奔走していた小泉も派内抗争の合間を縫って会合に出席している。

クエールが「日本の基地を減らすつもりはないが、国防予算の削減問題との関連で海外の基地を縮小すべきだとの考えが米国で高まっている」と語ると、小泉は次のように反論した。

「日本が協力しなければ基地を減らすという言い方は脅しにはならない。米国は費用を負担できる程度まで、基地を縮小すればいいのではないか。米国が基地を減らせば、日本としてはむしろ防衛力の自主性を高めようとする意識が強まる」

米上院が前年十月、年間四十五億ドルの在日米軍経費を日本政府が全額負担しない場合、毎年一万人ずつ米兵力を撤退させる法案をいったん可決した直後だった。

一九九五年九月、自民党総裁選に立候補した小泉は、フジテレビの報道番組で在日米軍駐留経費の負担問題について、「米国が負担し切れないなら、米軍基地の整理、統合、縮小を進め、その分を日本が自分でやる自主性をもつことが必要だ」として、日本は米軍駐留経費の負担増より、自主防衛の比率を高める必要があると主張している。

このように小泉には守屋防衛事務次官の進言を受け入れる素地があったわけだが、「精神論」の域を出ていなかった。

小泉は大蔵族として政治家の道を歩みはじめた。四回におよぶ厚相経験で社会保障政策にも詳しいが、関心と口癖は常に郵政三事業の民営化だった。一九九〇年八月のイラクによるクウェート侵攻を発端とする湾岸戦争では自衛隊派遣に反対した。

外務省が積極姿勢を示し、その後小泉自身が内閣の重要課題に位置付けた日本の国連安全保障理事会常任理事国入りの動きについても、首相就任前は先陣を切って異議を唱えていた。一九九四年には与党三党（自民、社会、さきがけ）の国会議員有志による「国連常任理事国入りを考える会（国連改革研究会）」を立ち上げて、その会長に就任している。「官僚主導で常任理事国入りを目指し独走することのないよう、国会の立場からこれを抑制する」と反対の立場を表明したが、この二つの局面を除くと首相就任以前の小泉が、外交や安全保障で積極的に発言した場面はほとんどない。

外務省と防衛庁のねじれ現象

二〇〇三年十一月のハワイでの米国の提案から、翌〇四年七月のサンフランシスコ会合まで再編協議が進まなかったのは、外務省と防衛庁のねじれた構図も影響していた。

外務省は、「不安定の弧」を視野に入れる司令部が日本に来ることにより、イラク戦争への在日米軍展開などで、すでに「極東の平和と安全」の目的を事実上踏み越えている日米安保条約が、名目上も空洞化しかねないと警戒していた。

一方、防衛庁は、「戦略対話」の機会ととらえて包括的な協議を狙っていた。外務省は安保条約、地位協定を所管することを通じて米政府と関係している。防衛庁は日米両国部隊の運用を通じて対米関係を緊密化するとともに、日米安保協力の拡大を模索しており、この立場の違いが政府内にすきま風を吹かせた。

従来、米国との関係では、外務省が国務省と国防総省のカウンターパートで、防衛庁はいわば「添え物」に過ぎなかった。だが、一九九〇年代後半の日米防衛協力新指針（新ガイドライン）の策定作業を通じて、防衛局長だった秋山昌広が制服組を前面に出して、軍事専門性や制服同士の連帯感を利用する一方、国際派の若手防衛官僚を積極的に登用して防衛庁の地位を大きく引き上げた。このころから外務省側に対抗意識が芽生え、対立の遠因となった。

外務事務次官の竹内行夫や北米局長海老原らは、米国側の提案の経緯そのものに強い不信を抱いていた。

在日米軍再編の原案は、アジア太平洋地域を管轄する太平洋軍司令部（ハワイ）が主導して作成された。これがワシントンの統合参謀本部に上がり、国防総省長官官房（OSD）と調整してからラムズフェルド国防長官の意向を踏まえて修正がなされ、最終的にはホワイトハウスの国家安全保障会議（NSC）と国務省に諮って決定された。

すでに述べたように、日本との調整の主役はローレス国防副次官である。彼は在韓米軍の再編問題も取り仕切っていた。米韓両国は、二〇〇四年十月六日、在韓米軍の約三分の一を二〇〇八年九月までに削減することなどで正式に合意している。ローレスにとって最優先課題は、この在韓米軍の再編だった。

在日米軍再編も順調に進むと楽観したローレスが、四軍それぞれに自由かつ幅広く希望を募り、日本の国内的な制約を考慮しないまま丸投げしてきたのではないか……。調整の難航をラムズフェルド国防長官らから問いただされたローレスが、自らのハンドリングの失敗と米政府内の調整不足を棚に上げて、自民党の額賀福志郎らに不満をぶつけてきたと外務省はにらんでいた。

外務省の「条約マフィア」

日米安保条約第六条の極東条項には、これまで説明した通り、本音と建前が交錯しているわけだが、日米安保条約とその解釈権限をよすがとする外務省の条約畑出身者にとっては、少なくとも明示的に極東の範囲を超える任務を与えることは、決して譲れない一線だった。

米国が再編案を示してからまもなく、外務省幹部が、東京・南麻布の米軍施設「ニュー山王ホテル」で太平洋軍司令官ファーゴと昼食をともにしている。

「日本に第五空軍司令部が必要であり、残してほしい。ただ、その任務と役割で、日米安保条約の極東条項を逸脱するわけにはいかない。米国には世界全体の一部であっても、日本にとっては国の安全保障の根幹にかかわる問題だ」

外務省幹部の説明を聞き終えたファーゴは、「わかりました」といったんは了承している。ファーゴの反応を受け、外務省では「やはり在日米軍の再編案は米国内で詰め切ったものではない」との見方が広がった。

竹内事務次官や海老原はいずれも外務省の条約畑を歩み、ともに条約局長と北米局長の経験者である。条約局は二〇〇一年一月に発覚した機密費詐欺事件後の外務省改革で、「国際法局」に改編された(二〇〇四年八月)。

自民党の外務省改革小委員会は、条約局支配や、北米局とアジア大洋州局の対立構図などの縦割りの打破、入省後の研修で専攻した外国語ごとの「スクール」主義の改善を狙い、条約局の廃止も提唱したが、外務省は国際法上のルール作りに積極的に参画させるとして、条約局を国際法局に改編したのである。看板の掛け替えでお茶を濁しただけだという批判は根強くある。

この条約局出身の官僚は「条約マフィア」とも呼ばれ、外務省の主流を占めてきた。旧条約局の仕事は、主に日米安保条約をはじめとする条約の解釈と運用、国際法と国内法の整合性の確保であり、まさに旧来の外交政策の総元締めだったと言っても過言ではない。条約局長経験者が最高裁判所の判事に任命される慣例も続いている。

官僚は何事も「前例主義」に陥る傾向が強い。この性質は、冷戦構造というある種安定した状況下では問題なかったが、先行きが不確実で複合的な事態には対応できない。条文や法律の解釈を所管する条約局は、その象徴的な存在と言えるだろう。湾岸戦争の勃発など国際安全保障環境の激変の波が次々と押し寄せる中で、前例にならうだけでは通用しなくなってきた。状況に応じて戦略を練り、柔軟に対処する外交が求められるようになり、外務省における旧条約局の主導的な役割に、自民党などからは廃止論がくすぶっていた。

在日米軍再編案を「生煮え」と見る外務省の姿勢を伝え聞いた米政府関係者は、「在日米軍再編でわれわれが日本に求めたものは、大胆な変化だ。官僚レベルでは動かないことを承知で日本に提案しており、日本の事情も知らずに協議をはじめたわけではない」と反論した。

9・11後のテロ対策特措法案の策定と成立、部隊派遣の過程で、外務省は極東を超える範囲での自衛隊派遣を、「世界の中の日米同盟」の範疇《はんちゅう》に位置付け、「日米安保条約に基づく協力」と区別して、安保条約は変容していないという立場を死守してきた。その一方で、自衛隊、いわゆる「制服組」と水面下で手を握って、自衛隊のアラビア海、イラクへの派遣も推進した。だが、安保条約第六条に関する長年にわたる国会答弁の枠を逸脱することは自己否定にも等しい。しかも、在日米軍再編は関係自治体との調整という困難な国内問題と密接不可分であり、日米同盟の証を示した一連の自衛隊派遣とは、逆方向の力学が働いたのである。

防衛庁の発想

一方、防衛庁・自衛隊は、テロや大量破壊兵器とその運搬手段である弾道ミサイルの拡散などの脅威の変化、米軍の急速な軍事技術革命、パワープロジェクション（兵力投射）能力の向上などの観点から、再編問題を捉えていた。これらを勘案すれば、「極東の平和と安全」はもちろん「我が国の防衛」でさえも、その実現のためには、地理的な範囲の限定がもはやほとんど意味を持たないという認識が支配的だった。

特に条約と法律の解釈より、軍事的な合理性を追求する各自衛隊幕僚監部からは、「条約の間尺に合わないからといって、必要な政策を取らない姿勢は本末転倒ではないか」という声が噴出した。

「死守すべきは安保条約の政府解釈ではなく、我が国の安全保障である」。この考えが、防衛庁内の安保改定論や再定義論の根底にある。

在日米軍再編で守りにまわる外務省の担当者は北米局長だった海老原で、省内では事務次官の竹内と密接に連携していた。官僚のトップにして首相官邸で政策全般を事実上取りしきる官房副長官二橋は、外務省の考えを支持した。再編問題の決着をできるだけ先延ばしして、国内調整を伴わない必要最小限の見直しだけに応じることが基本方針だった。旧自治省出身の二橋は和歌山県総務部長や静岡県副知事に出向した経験があり、自治体との調整の重要性と困難さを身をもって知っている。まして、米軍基地の再編による新たな負担となれば、強い反発は避けられないと読んでいた。安保条約の範囲をめぐる解釈をよすがに、防衛庁に対して「優位」に立つ外務省と官邸事務方トップの思惑は結果的に一致したのである。民間枠で入閣した非力な川口順子が外相だったことも外務省事務方の主導を許す原因となった。

海老原、二橋に加え、防衛庁防衛局長の飯原を加えた三人が在日米軍再編問題を取りしきってきた。防衛庁内局と陸海空各自衛隊幕僚監部からは、外務省のペースに流される飯原に対し、「どっちを向いて仕事をしているんだ」との陰口が漏れた。飯原は一九七四年に旧大蔵省に入り、二〇〇一年七月、財務省から防衛庁へ移った。石破防衛庁長官の強い引きで防衛局長に就任したが、その人事を後に悔やんだ石破の声を聞いた関係者は少なくない。

二〇〇五年一月四日付の外務省人事で海老原は谷内《やち》正太郎の後任として内閣官房副長官補、谷内は竹内行夫の後を継いで事務次官に就任。海老原の後任の北米局長には、駐米大使の加藤良三が厚い信頼を置く駐米公使の河相周夫《ちかお》が抜擢《ばってき》された。一方、防衛庁の飯原は二〇〇五年八月、人事教育局長に事実上降格されている。

第6章　リセット

国務省と国防総省の亀裂

二〇〇四年十月十二日に召集された臨時国会の所信表明で、小泉は在日米軍再編について、「二十一世紀の国際情勢に適応したわが国の安全保障の確保と、沖縄等の地元の過重な負担の軽減を図る観点から、米国と協議を進めて参ります」と、ひと言触れたに過ぎない。翌十三日には衆院本会議で、「見直しは安保条約の枠内で行われる」と強調した。

ちょうど同時刻、来日していたアーミテージ国務副長官は米大使館で記者会見し、「個別的な事柄や場所から議論をはじめたが、議論のスタート地点が間違っていたかもしれない。もし理念からはじめていれば、その後各論にいくことができて、再編は日米双方にとってより明確なものになっただろう」と語っている。

在日米軍再編を考えるには、複眼的な視座が欠かせない。日米安保条約を軸とする安保協力をいかに適切かつ効果的に推進していくかという「同盟の維持・管理」の視点と、在日米軍がもたらす地元への負担をどのように軽減していくかという「基地問題」の視点である。

日本政府では主として基地問題の視点で論じられた結果、ゼロ・サムで負担の押しつけ合いになるのかどうかが焦点になってしまった。これに対し、米国は同盟強化を優先し、すでに空洞化している安保条約第六条を盾に消極的な姿勢を崩さない日本政府に、不満を募らせた。アーミテージの言葉は日米両国に広がる大きな溝の核心を突くと同時に、政治的な配慮を欠いたまま移転候補地を挙げて一方的に日本に対して受け入れを求める、米国防総省への不満も反映していた。米軍再編協議は対日本に限らず、国防総省の専管事項として、政治的な要素よりも軍事的な合理性を優先して進められていたからだ。

ラムズフェルドが国防長官に就任した際、アーミテージが希望していた国防副長官への就任を拒まれた記憶も消えていない。アーミテージはこのころ、日本側の強い反発が日米同盟にマイナスになりかねないと懸念し、「陸軍第一軍団司令部のキャンプ座間移転にはどれほど必然性があるのか……」と日本政府関係者に漏らしている。日米の摩擦は、表向き一枚岩だった米政府内部にも微妙な影を落としはじめていた。

在日米軍再編協議を米国側で取りしきってきたリチャード・ローレスは、元CIA（米中央情報局）の諜報工作員である。東京やソウルの米国大使館で計八年にわたる勤務経験があり、衛星や原子力など軍事関連技術を担当していた。その後、レーガン政権で国家安全保障会議（NSC）スタッフを務めている。堪能な韓国語を生かして、CIAでは主として朝鮮半島の専門家で通ってきた。二〇〇二年九月、「ラムズフェルドに顔も名前も覚えてもらっていない」というほど存在感の薄かったピーター・ブルックスの後任として、国防副次官補に就任、その後、国防副次官に昇格した。

ブッシュ政権入りの直前まで、日本や韓国、台湾などアジア諸国へ進出するIT関連企業のコンサルタント会社を首都ワシントンで経営していた。米メディアによると、先代の大統領ブッシュとはCIA当時から親しい関係にあり、ブッシュ家とは家族ぐるみの付き合い。現大統領ブッシュの弟でフロリダ州知事を務めるジェブ・ブッシュには、多額の政治献金を行うなどきわめて近い関係にある。

ローレスの登場により、安全保障をめぐる日本との外交で、国防総省に比重が移っていった。アーミテージ国務副長官（二〇〇四年十一月に辞任を表明）をトップとする知日派グループは、日米協議が回を重ねるごとに脇役に回った感は否めない。アーミテージ人脈は、ホワイトハウス国家安全保障会議（NSC）アジア上級部長のグリーンを筆頭にホワイトハウスや国務省に偏っており、こうした人脈の系譜が在日米軍再編をめぐる協議にも微妙な影響を与えた。知日派相手の外交に力点を置いて、人脈の裾野を広げられない日本外交の弱点の一端が表れたとも言えよう。

迫るタイムリミット

話を日本国内の動きに戻そう。二〇〇四年十月十三日昼、新しく外相に就任した町村信孝、防衛庁長官の大野功統《よしのり》、細田博之官房長官の三閣僚が、首相官邸で九月末の内閣改造後はじめて在日米軍の再編問題を話し合い、日米協議の加速を確認した。

三閣僚会合の直前、ワシントンでは外務省北米局参事官の梅本和義、防衛庁防衛局次長の山内千里らが、ローレス国防副次官、ホワイトハウス国家安全保障会議のジョーンズ・アジア部長らとひそかに在日米軍問題を協議している。

この席でローレスは、第五空軍司令部に残る司令官の管轄範囲を、第一三空軍司令部と同様にグアムからシンガポール、インドに至る範囲とする案をあらためて提示し、極東条項にこだわる日本側を次のように一喝した。

「軍事的運用の観点から非現実的であり、驚いている。第五空軍司令部はもともと、全体をグアムの第一三空軍司令部に移す方針だったが、航空幕僚監部からの要請で日本に残すことにしたのだ。六条にこだわるなら、原案通り、第五空軍司令部はすべてグアムに移すことを検討せざるを得ない」

そして、「日米はグローバル・パートナーシップで協力を進めることを確認している。日本の中東への石油依存や海上通行路の確保の観点からも、日米協力の範囲を拡大することは日本側も認識しているのではないか」と畳みかけた。

三閣僚が急遽集まり対応を協議した裏には、こうした米国の強い姿勢があったのである。日本側で局面転換が起きる場合、その背後に米国の動きがあるケースは少なくない。米国は普天間飛行場について、「もしも重大な事故が起きれば、沖縄全体での米軍のプレゼンスを危うくするとの危機感を抱いている。十数年間も我々は待つことができない。早急に何らかの解決策を見いださなければならない」と、あらためて訴えた。二〇〇五年四月までに日米安全保障協議委員会(2プラス2)を開いて、在日米軍再編の決定を目指す段取りも示している。

二〇〇五年五月には、国防総省が米国内の基地再編・閉鎖計画「BRAC(Base Realignment and Closure)2005」の最終案を決定することになっていた。ここから逆算したタイムスケジュールによって、米国は日本の検討加速を強く促したのである。BRACは、国防予算の効率的な活用が目的であり、本土に帰還する部隊の配置先を決定する必要から、米軍の海外基地再編とも密接に関連していた。

潮目の変化

町村外相は三閣僚会合で、「安保条約の極東条項から検討せず、現実の脅威にどう対応していくのかという観点から協議を進めるべきだ」と主張した。自民党国防部会長や衆院ガイドライン(防衛協力新指針)特別委員会理事を歴任した大野防衛庁長官も、「あいまいな形ではなく国民が納得できるように決めるべきだ」と応じている。

町村は一九九二年から九三年にかけて自民党の国防部会長を務めており、防衛政策とも無縁ではない。就任直後のインタビューでは事務方の振り付け通り、「抑止力維持」と「負担軽減」という原則を繰り返していたが、二〇〇四年十月上旬の訪米を機に積極的な言動に転じた。

ラムズフェルド国防長官やライス大統領補佐官らとの会談で、「モメンタム（勢い）の維持が重要だ」と日本の対応の遅れを指摘された町村は、事務方の説明と訪米で実際に受けた印象との落差に驚き、慎重派の外務省幹部に「一体どうなっているのか。自由な発想で取り組むべきじゃないか」と詰問した。

ワシントンからの帰路ハノイに立ち寄り、外遊中の小泉に合流した町村は、日本へ戻る政府専用機の機中で小泉に対し、極東条項の政府解釈を金科玉条とする外務省国際法局（旧条約局）が主導してきた協議を改める考えを伝え、小泉の了解を取り付ける。官房副長官の二橋正弘に「丸投げ」してきたがゆえに、小泉の軌道修正には時間がかからなかった。

二〇〇四年十月十六日、町村は米軍基地視察のため訪れた沖縄で、「頭を軟らかくして議論することが大切だ」と、再編問題に柔軟に取り組む姿勢を明確に打ち出す。積極派の町村が外相に就任したことで、防衛庁の期待も高まった。在日米軍の自衛隊に対する評価の向上、自衛隊依存の高まりが、在日米軍の削減や基地負担の軽減につながるのではないか。二〇〇六年三月に改定を迎える受け入れ国支援（思いやり予算）特別協定の交渉で、在日米軍駐留経費の削減を対米カードとして切れないか――。外務省の事務方主導だった潮目が変わり、在日米軍の再編をめぐる攻防は新たな局面を迎えようとしていた。

小泉はこのころ、町村にこう持ちかけている。「みんな総論賛成で各論反対じゃないか。日本全体で基地負担を軽減できるようにしたい。沖縄の海兵隊を北海道で受け入れてくれるところがないか」。これに対し、町村は「いや、北海道にも歴史的な経緯がありまして……」と言葉を濁した。町村は北海道を地元としている。基地問題に前向きな取り組みを示した町村の消極的な反応は、外相といえども選挙区の事情を優先せざるを得ない政治家の苦悩を物語っていた。

極秘の書簡

十月二十四日午前十一時、日曜日の東京・麻布台の外務省飯倉公館は、日米のSP（警護官）が警戒の目を光らせて、静かな緊張感に包まれていた。町村外相が固い握手で出迎えたのは、パウエル国務長官だった。外務省は会談後、在日米軍再編をめぐる双方のやりとりを次のように紹介している。

町村　情勢認識や戦略目標、日米間の役割と任務といった基本的論点について実務的協議を進め、個々の具体的な議論につなげていくことが重要だ。抑止力の維持と同時に、沖縄などの負担軽減も重要だ。普天間飛行場ができるだけ早く移設できるよう知恵を絞っていきたい。今後、閣僚から事務レベルまで、あらゆるレベルで緊密に協議していきたい。

パウエル　精力的に協議していこう。沖縄の問題は難しい問題だが対応していきたい。地元負担を減らすことが重要だ。

だが、これは会談内容のごく一部に過ぎない。

在日米軍の再編協議に触れて、「いつまでも議論を続けるわけにはいかない」と切り出した町村は、協議の仕切りなおしを求める極秘の書簡をパウエルに手渡していたのである。町村は外務官僚に作成させた文面を、日米外相会談の二日前に細田官房長官と大野防衛庁長官に示して了承を得ていた。防衛庁事務方はこの書簡の存在を知らされていなかった。

アーミテージが「議論のスタート地点が間違っていたかもしれない」と漏らしたよう

に、外務省もまた、暗礁に乗り上げた協議をいったんリセットし、あらためて「共通戦略目標」という理念の設定からはじめる必要があると考えていた。ただ、防衛庁事務方には黙って書簡を作成した事実からは、外務省の別の狙いも透けて見える。

在日米軍再編問題は、米国では国防総省の専管事項で、国務省は主導権を握っていない。米軍と自衛隊の任務と役割、米軍基地の共同使用などを詰めていった場合、国防総省の本来のカウンターパートであるべき防衛庁が日本側の議論をリードする可能性がある。書簡の存在を知った防衛庁は、再編協議の主導権を堅持したい外務省の思惑がそこに込められていると感じた。

日米外相会談の翌々日、書簡の手交を知った防衛庁防衛政策課長の徳地秀士らが外務省北米局参事官室に梅本和義を訪ね、「防衛庁とのすり合わせもないまま、勝手に書簡を渡して段取りを決めないでいただきたい」と強く抗議している。

関係者によると、書簡はまず、米軍の態勢見直しの当局者間協議について、安全保障政策で共通の青写真を描く観点から、日米双方で戦略的かつ包括的な議論を深めるべきだと言及して、自衛隊と米軍の任務・役割・能力の再検討と相互運用性の改善の必要性を指摘している。そのために、専門家レベルで作業部会を設けて、共通戦略目標の草案をひと月あまり後の十一月末までに作成するという目標が盛り込まれていた。

また、任務と役割、相互運用性に関しては、日本への攻撃、日本周辺での有事、平時の日米協力、国際的な平和協力業務などの異なった状況にそれぞれ対処するため、この年の十二月までに検討作業を完了させるスケジュールを提案した。在日米軍の具体的な再編案を検討する作業部会も設置して、特に沖縄の米軍基地と横田基地に関して日米双方が提示した案をめぐって論議を深めるよう要請している。

町村・パウエル会談の真相

町村はパウエルとの会談で、翌二〇〇五年の一月にも日米安全保障協議委員会（2プラス2）を開いて共通戦略目標を設定後、具体的な基地再編案の確定に向けて閣僚主導で協議を加速したいと提案した。これに対しパウエルは、翌十一月に控えていた大統領選を理由に即答を避けながらも、書簡内容の受け入れに前向きな考えを示した。

議題は在日米軍再編の個別問題に移った。町村は、八月に普天間飛行場近くで起きた米軍ヘリ墜落事故の現場と、同飛行場の移設先の候補地である名護市辺野古沖を視察したことに触れ、「沖縄の過剰な負担を軽減することが、日米安保体制の基盤を強化する観点からも必要ではないか」と訴えた。最大の焦点である普天間飛行場の辺野古沖への移転問題については、次のように述べている。

「辺野古沖以外の移設先を見つけることは、現実的には非常に困難であり、さらに時間がかかってしまう懸念がある。日本政府としてはSACO最終報告に従い、現行計画通り辺野古沖への移設を進める以外に方法はないと思っている。できるだけ早く移設できるよう、工期の短縮を検討したい」

パウエルは「ラムズフェルド国防長官は沖縄の負担を軽減する必要性を理解しており、そのために努力する用意があると思う」と一般論を述べたうえで、在日米軍の重要性を力説した。

「米軍のプレゼンスは、地域の各国がこれまで平和裏に経済発展を遂げる基礎となってきた。中国や北朝鮮の脅威に加え、テロや大量破壊兵器の拡散といった新たな脅威への対処も念頭に置かなければならない。国家安全保障会議や統合参謀本部で、米軍のプレゼンスを削減すべきだとの議論を展開する者はひとりもいない。在日米軍再編をめぐる議論では、米軍の能力を堅持する必要がある」

このときの町村とパウエルのやりとりのポイントは、次のように集約される。まず町村が普天間飛行場の移設先について、SACO最終報告通りに名護市辺野古沖とする考えを明言しつつ、工期を少しでも短縮できるよう最大限努力すると伝えたことだ。これは言うまでもなく、外務省の意向に沿ったものである。

工期短縮については、米国が七月のサンフランシスコ会合で要望した際に日本側が難色を示した経緯がある。にもかかわらず、名護市辺野古沖以外の移転先を絞り込める見通しが立たない現状から、日本側は当初の米国の考えに同調したのである。ただ、これは辺野古沖に代わる新たな移設先を見出せなかった苦境の裏返しであり、工期が短縮できる根拠はどこにもなかった。

もちろん米国は、「このまま町村の提案を全面的に受け入れても事態の打開につながる保証はない」と受け止めた。パウエルが辺野古沖への移設計画に支持を表明しなかった背景には、こうした米国の不信感があった。

日米地位協定

町村はヘリ事故に関連して、日米地位協定についても言及した。

「沖縄では日米地位協定の改正をもとめる声が強い。できるだけ早く運用改善による成果をアピールすることが重要であり、米国の協力を求めたい」

パウエルは「地位協定改正の議論がはじまってしまえば、BSE（牛海綿状脳症）どころの騒ぎではなくなり、終わりの見えない交渉に突入してしまう。われわれはともに努力して地位協定の運用改善で乗り切っており、今後も同様の方針で臨みたい」と、「運用改善」

の確認を求めた町村の発言を歓迎しながら、協定の改定論を一蹴した。

日本は二〇〇三年十二月に西部ワシントン州でBSEが発生したことを受けて、米国産牛肉の輸入を停止していたが、ちょうど日米外相会談の前日に行われた日米高級事務レベル会合で、日本の全頭検査緩和手続きが終了することなどを条件に、米国産牛肉の輸入を暫定的に解禁する枠組みを確認したところだった。パウエルは難航したBSE問題を引き合いに出しながら、地位協定の改正が「パンドラの箱」を開けかねないとの懸念を示したのである。

日米地位協定は日米安保条約に基づき在日米軍、軍属の日本での法的地位を定めた取り決めで、一九六〇年に発効した。犯罪容疑者の米兵は原則として起訴後、米国から日本側に身柄を引き渡す規定となっている。一九九五年に起きた米兵の少女暴行事件で、沖縄県警が容疑者を逮捕できず、県民の反発を招いたことは前述のとおりである。

日米交渉の末、協定そのものは改めず、「殺人、強姦という凶悪な犯罪」については、起訴前の身柄引き渡しに米国が「好意的考慮を払う」こと、「その他の特定の場合」も、日本側からの身柄引き渡し要請を「十分に考慮する」ことなどの運用の改善で合意した。

二〇〇四年四月には、日本側は身柄引き渡しまでの日数短縮を狙い、日本国内で罪を犯した米兵容疑者に対する日本の捜査当局の取り調べ時に、「米軍司令部の代表者の同席を認める」など日米地位協定の運用改善で米政府と合意するとともに、「その他の特定の場合」について「いかなる犯罪も排除されない」ことを日米双方が口頭で確認した。沖縄県は実際の引き渡しに時間がかかるとして、起訴前の身柄引き渡しを明示する地位協定改定を求めているが、米国はこれに応じていない。

首脳会談かみ合わず

二〇〇四年十一月二十日、南米チリのサンティアゴで開かれたAPEC首脳会議の合間を縫って、小泉はブッシュと会談した。ブッシュは強いドル政策の維持に決意を示し、小泉がこれを支持したほか、北朝鮮の核開発問題では六ヵ国協議の枠組みを重視、平和・外交的に核廃棄を求める方針を確認したと発表された。

焦点の在日米軍再編問題については、小泉が「抑止力の維持と沖縄の在日米軍の負担軽減を両立させる。詳細を外務、防衛当局で協議していく」と述べたのに対し、ブッシュは「米軍のアジア太平洋地域でのプレゼンスは地域の安定に戦略的重要性を有している」と応じたと外務省は公表したが、実際にはもっと突っ込んだやりとりが交わされていた。小泉は懸命に負担軽減を迫っていたのである。

小泉は、「私はイギリスのブレア首相と同様に、日本国内で『対米追随』との批判を受けることもあるが、それは何もわかっていない人々の考えだ。日米関係の重要性はこれから増すことはあっても決して低下しないと確信している」と切り出し、「沖縄で米軍兵士が女性をレイプしたり、米軍機の墜落事故が起これば、反米感情をあおる格好の材料として反米勢力に利用されかねない。反米感情に火を付けないことが重要であり、日米同盟の将来を考えて対応しなければならないことをよく認識してほしい」とブッシュに訴えた。

そして、在日米軍再編については、科学技術や兵器の性能向上により、兵力や基地を削減しても抑止力を維持することが可能な状況になってきたとの認識を示してから、次のように述べた。

「日本では、米軍基地に比べて自衛隊基地に対する地元自治体の反発は非常に弱くなってきている。自衛隊の基地を誘致する自治体が出てきているが、これは日本人の安全保障に対する意識の大きな変化を象徴する動きだ。自衛隊の能力と日本の防衛力を維持し、さらに精強にしていかなければならないと考えている。米軍基地の整理縮小とあわせて、自衛隊により責任を負わせることは、米軍基地の代替案として日米両国にプラスになるのではないか」

つまり、米軍の削減を自衛隊で補完する考えを示したのである。

防衛庁は冷戦時代を引きずる北方重視の防衛態勢から、南西諸島への部隊配置強化を狙

2004年11月20日、サンティアゴで会談する小泉首相とブッシュ大統領
(写真提供：共同通信社)

い、すでに水面下で陸上自衛隊第一混成団(那覇市)の二千三百人規模の旅団への増強、宮古島への陸自部隊配置、台湾に近い下地《しもじ》島への自衛隊機の移駐などの検討に着手していた。小泉の発言はこうした既成事実の一部を念頭に置いたもので、防衛庁の意向が強く反映されていた。

だが、日本に前方展開する米軍は、中東までをにらんだ戦略拠点として駐留しているのであり、日本の防衛だけが目的ではない。しかも、自衛隊の増強がどのような形で、どこまで米軍を補完できるのか、日米の事務レベルで突っ込んだ議論は交わされていなかった。

このため、ブッシュは自衛隊の増強論には直接答えなかった。そして基地負担の軽減について、「施設・区域の整理統合を進めながら、効果的な抑止力を保つようにしていく必要がある。日米で協力して取り組み、解決していきたい」と原則論で応じてから、「沖縄には、米軍が離れることに伴う収入の減少などから、基地がなくなることを望まない自治体もあると報告を受けている」と、在沖縄米軍問題をめぐる核心に切り込んだ。

小泉は「米軍が去った後の経済的な問題は、日本政府の責任で十分に補塡《ほてん》するつもりだ」と決意を示したが、米軍基地の地主らの不安を払拭するに足る論拠もないまま打ち出したに過ぎない。

防衛施設庁や沖縄県の二〇〇二年度のデータによると、沖縄県内の米軍基地で働く日本人従業員は約八千七百人で、このうち普天間飛行場は約二百人。一方、地主に対して支払われる米軍用地料は県内全体で年間約七百六十六億円、このうち普天間飛行場分は約六十三億円にのぼる。これらは日米地位協定などに基づいて、防衛施設庁予算から支払われている。

沖縄県や宜野湾市は二〇〇五年度中をめどに、普天間飛行場移設後の跡地利用に関する基本方針を策定する予定で、同市は企業などによる跡地開発で賃借料収入が発生すると見込むが、地主からは「返還後の見通しは不透明だ」という不安の声が根強い。基地の跡地利用に先立ち、弾薬や汚染物質の除去を実施する必要があり、返還が実現しても跡地開発の着手まで相当の年数が見込まれる。

小泉はブッシュに対し、フィリピンのアロヨ大統領が米軍による訓練ならば受け入れる用意があると話したことに触れて、訓練の積極的な海外移転も要求した。

しかしブッシュは、「米軍の極東におけるプレゼンスの意味が忘れられることは危険だ。米軍のアジア太平洋地域のプレゼンスが、地域の安定のために戦略的な重要性を持っている。中国や朝鮮半島の問題もあり、韓国にとっても米軍のプレゼンスは欠かせない。米軍の訓練場所の話と米軍のプレゼンスが地域の安定と平和にいかなる役割を負っているかは別の問題だ」と、日本側の要望に全面的には応じない姿勢を崩さなかった。

沖縄の基地負担の軽減を求める小泉と、米軍のプレゼンスがアジア太平洋地域の安定に貢献していると力説するブッシュ。すれ違いに終わった首脳会談は、在日米軍再編をめぐる日米の思想と立脚点の違いを象徴していた。

共通戦略目標に隠された溝

年が明けて二〇〇五年二月十九日。ワシントンの米国務省で開かれた2プラス2で、日米両政府は、町村・パウエル会談で策定が決まった「共通戦略目標」に合意し、在日米軍再編や自衛隊の役割・任務見直しの協議加速を確認する共同発表を出した。

2005年２月19日、２プラス２を終え、記者会見する（右から）大野防衛庁長官、町村外相、ラムズフェルド国防長官、ライス国務長官（写真提供：共同通信社）

共通戦略目標は、まず、国際的なテロの未然防止や大量破壊兵器の不拡散を地球規模の共通目標と位置付けて、連携を強化することを掲げた。また、アジア太平洋地域の安全保障環境については、北朝鮮の核・ミサイル問題や中国の軍事力近代化と台湾海峡をめぐる問題を挙げ、「予測不能な不安定要因が存在する」と懸念を表明している。中国に対して「建設的で責任ある役割」を果たすよう期待する一方、中国の軍事的な台頭を踏まえて台湾海峡での中台有事に警戒感を示し、「対話を通じた中台問題の平和的な解決」と「急速な近代化を進める軍事全般の透明性向上」を求める考えを示した。

日米安保の関係文書に「中国」という国名が明記されたのは、はじめてのことである。

共通戦略目標を設定するにあたって、日米でもっとも議論の的になったのは、中国についてどのように言及するかという点であった。ここに日米に横たわる深い溝が隠されている。

日米交渉の関係者によると、米国が提示した共通戦略目標の原案には、中国に関して次のようなかなり踏み込んだ記述が盛り込まれていた。

一、中国が台湾を攻撃しないよう抑止する
一、中国が台湾攻撃を決意した際に他国の干渉を阻止するような能力の開発を断念させる
一、欧州やロシアから中国への武器や軍事技術の移転を抑えるために協力する

これは国防総省が主導した原案である。

日本側はこれでは「中国を刺激しすぎる」と、より穏便な表現に変更するよう要請し、国務省の理解も得て、対話と抑止の硬軟両様で臨む姿勢を打ち出して強硬姿勢一辺倒を避けた。2プラス2直前に北朝鮮が核兵器保有と六ヵ国協議への不参加を表明していたため、中国の北朝鮮に対する影響力に依存せざるを得ないという事情も、表現の変更を後押しした。

日本政府は共通戦略目標の策定や在日米軍再編の決着を待たず、二〇〇四年十二月十日の安全保障会議と閣議で、今後十年間の防衛力整備の指針となる「新たな防衛計画大綱」を決定していた。一九九五年策定の旧大綱では、日本周辺地域の安全保障環境として、「核戦力を含む大規模な軍事力」や「朝鮮半島における緊張の持続」などを挙げながらも、特定国の名指しを避けていた。だが新大綱はアジア太平洋地域の安全保障に影響を与える存在として、核開発を進める北朝鮮とともに中国を明示しており、日米の共通戦略目標でも中国への言及は避けて通れなかった。

共通戦略目標は、中台有事での米軍と自衛隊の協力には直接触れていないものの、アジア太平洋地域の平和と安定の確保に向けて、この地域での「不測の事態に備える能力の維持」を確認している。「台湾海峡有事」への警戒感を共有したことで、日本が対中抑止戦略の一端を担うことになったのは間違いない。米国は再編協議の仕切りなおしを目的とした共通戦略目標を逆手に取り、日米安保の対象を明確にすることで、自衛隊の任務と役割の拡大を狙うとともに、在日米軍による抑止力の重要性を内外にあらためて示したのである。

共通戦略目標には「地域メカニズムの開放性」も明記され、米国抜きで中国がアジアで覇権を拡大する動き、特に「東アジア共同体構想」を強く牽制している。

配慮と抑止のはざまで

台湾有事での米軍と自衛隊の協力には直接言及していないにもかかわらず、日米の共通戦略目標について米メディアは、「米国の台湾防衛に日本も参加」(ワシントン・ポスト紙)と刺激的な見出しで報じた。中国は即座に外務省報道局長談話を発表して、「日米の安全保障協力の範囲に台湾を含めることは、中国の主権への侵害であり内政干渉だ。断固反対する」と激しく反発した。

米国の台湾関係法には、「専守防衛」目的の武器を台湾に供与することが盛り込まれており、台湾の安全が脅かされれば、大統領と議会が協議して「適切な措置を決定する」と、武力行使に道を開いている。実際、中国が台湾近海にミサイルを撃ち込んだ一九九六年三月には、二つの空母機動部隊を派遣した。米政府は、中国の覇権拡大を押さえ込むためには、日米同盟の強化による抑止力の堅持が不可欠だという基本方針で、在日米軍再編を含む軍事戦略見直しを進めている。

二〇〇四年十一月十、十一両日、ワシントンで開かれた日米外交、防衛当局の審議官級協議で、中国問題の核心である台湾海峡有事をめぐり、日米間で封印されたやりとりがあった。偶然だろうか、中国海軍の原子力潜水艦が先島諸島海域の日本領海内を侵犯する事件が起きたのはこの協議の直前、日本時間の十日早朝だった。

「台湾海峡有事の場合、米軍と自衛隊がどう協力できるか。具体的な協議を進めたい」

米国は中台紛争発生時の日本の軍事協力を要請したが、日本側は返答を避けた。極秘扱いされているこの提案は、台湾海峡、南沙諸島の領有権問題で中国が武力行使に踏み切る可能性を、米国が強く警戒していることを裏書きしている。

日本は中国への配慮から、日米防衛協力新指針に基づく周辺事態法の対象範囲について「地理的概念ではない」との答弁を貫いてきたが、在日米軍再編で台湾有事に対する米国側の警戒感が反映されるのは避けられそうにない。日本政府は米軍と自衛隊の任務・役割分担の見直しや軍事作戦計画に台湾有事への備えを含めるのかどうか、方針を鮮明にする必要に迫られている。

米軍と自衛隊の任務と役割の分担は、有事のシナリオを抜きには考えられない。想定し得る事態を互いにすり合わせることで、双方の協力が具体化していくからだ。一九九九年の周辺事態法を柱とする日米防衛協力新指針(新ガイドライン)関連法に連動して、朝鮮半島有事などでの米軍と自衛隊の作戦行動をあらかじめ規定する「相互協力計画」を策定している。在日米軍の再編に関連して米国が任務と役割の分担で日本側との調整をもっとも期待していたのは、中国と台湾の有事にほかならない。

だが、中国を唯一の正統政府と認める日本は、周辺事態法をめぐる国会審議でも「周辺事態は地理的な概念ではない」との見解を繰り返して、中台有事が含まれるかどうかあいまいにしてきた。中台紛争を想定した日米協力を検討する政治的な意思表示がない以上、米軍と自衛隊の任務と役割の検討は米軍基地の共同使用や共同訓練の増加など付随的な論議の域を出ず、米国が期待した進展には至らなかった。

また、日本側は外務省と防衛庁内局のごく限られた官僚が、制服組の知見を十分に取り入れず、基地をどこからどこに動かすかという数合わせ的かつ抽象的な論議を繰り返した。したがって、再編案を具体化する際に自衛隊との調整不足のつけが噴き出す危険性は捨てきれない。

2プラス2の共同発表は、在日米軍再編を日米同盟強化の一環と位置付けるとともに、米軍基地を抱える沖縄の負担軽減を謳っている。同時に、米軍普天間飛行場の名護市辺野古沖への移設を方向付けた、日米特別行動委員会（SACO）最終報告の「着実な実施が在日米軍の安定的な駐留に重要だ」との認識が表明され、両国はこの方針に沿った在日米軍再編協議の加速を確認した。

だが、「SACO最終報告の着実な実施」という決まり文句の背後には、普天間移設を停滞させている日本側への強い不満と不信感が渦巻いていた。共同発表づくりの過程で、二〇〇四年の米軍ヘリ墜落事故を引き合いに、事故防止に向けた取り組みの強化を盛り込むよう要請した日本側に対して、米政府の当局者が「日本政府が普天間飛行場を名護市沖合に移転していれば、ヘリコプターは市街地ではなく、海の中に墜落していたのだ」と声を荒らげた事実は、今も伏せられている。

終章　日本の政治的意志はどこにあるのか？

政府内の亀裂

日米両政府が二〇〇五年二月に共通戦略目標を合意してからも、小泉の掛け声が先行して、外務省と防衛庁、そして自民党の歯車はかみ合わなかった。在日米軍の再編は新たに負担を抱える自治体の反発が確実で、政治の調整が不可欠だったが、首相官邸も自民党の動きも鈍かった。

ワシントンでの日米安全保障協議委員会（2プラス2）の三日前、首相官邸で、外務省北米局長の河相周夫と防衛庁防衛局長の飯原一樹から2プラス2の発表文案の説明を受けた小泉は、「普天間の移設は進んでいないじゃないか。辺野古なんて駄目なんだろ」と言い、名護市辺野古沖への移設計画を見直す考えを示していた。発表文案には、普天間飛行場の名護市辺野古沖への移設を方向付けた日米特別行動委員会（SACO）最終報告の「着実な実施」が明記されていた。

その小泉に向かって、飯原は「これは橋本内閣で決めた方針ですから……」と切り返してしまう。小泉は「そんなものは俺には関係ない。進んでいないのだから、他の場所を探せばいいじゃないか」と吐き捨てた。

だが、外務省はSACO合意の見直しに一貫して否定的で、小泉の発言が報道された後も、「首相から見直しの指示はなかった」と沈静化に躍起になった。移転の動きが難航していようとも、沖縄県と名護市が受け入れた辺野古沖に代わる移転先を見つけ出せる保証もないまま見直し論が優勢になり、日米合意が白紙に戻ってしまう事態を強く懸念していたのである。

二〇〇五年三月二日早朝、首相官邸に隣接する内閣府の官房副長官補・海老原紳の執務室に、官房副長官・二橋正弘、海老原、防衛施設庁長官・山中昭栄、外務省北米局長・河相周夫、防衛庁防衛局長・飯原一樹の五人が人目を避けるように集まった。防衛事務次官の守屋武昌が主導する移設先見直し論が政界で勢いを増しかねないと判断した二橋が、首相官邸を避け、しかも朝八時という時間帯を選んで、SACO最終報告に基づく辺野古沖以外に選択肢はあり得ないと、意思統一と理論武装を図ったのである。

一方、首相官邸では四月八日、自民党日米安保・基地再編合同調査会の額賀福志郎座長、石破茂前防衛庁長官、そして茂木敏充前沖縄・北方担当相の三人が、小泉と向かい合った。額賀は小泉に次のように提案している。

「普天間飛行場移設などの在日米軍再編問題は今、外務省と防衛庁の審議官級で協議していますが、官僚に任せる問題ではない。官邸主導でしっかり対応しなければならないと思います」

小泉は「この件がもっとも重要な政治問題との認識は持っている。党のほうでも考え方を整理して持ってきてほしい」と調整案の作成を促し、額賀は「党が先行して再編案を作成し、首相の考えを踏まえて米国にぶつける段取りを踏みたい」と応じた。

しかし、日米協議の具体的な内容を知らされていない自民党に、自らの手で再編案を検討する力はなかった。自民党は外務省や防衛庁の説明を断片的に受けてはいたが、政府側は自民党との会合で「目に見える形での負担軽減は難しいかもしれない」と悲観的な見方を強調し、沖縄で高まる期待値を下げようとしていたのが実態である。

主導権を握った防衛庁

外務省と防衛庁は、もともと国内調整を得意とする役所ではない。米国と交渉しても、国内での政治的な根回しや自治体との調整に担保がなければ、再編協議を前に進められないというジレンマを抱えていた。本来であれば、地方自治体との基地行政にかかわる防衛施設庁が大きな役割を果たすべきであったが、防衛施設庁は当初から再編協議の蚊帳の外に置かれていた。だから、内閣府で開かれた三月二日の秘密会合に防衛施設庁長官の山中昭栄が出席していることは、一見奇妙なことのように思える。

旧自治省出身で一九九四年に防衛庁へ移った山中にとって、官房副長官の二橋は自治省時代の先輩にあたる。同じ和歌山県総務部長を務めた縁もあった。山中と二橋は、旧自治省の人脈で互いに緊密に連絡を取り合っていたのである。

秘密会合を後に知った大野功統防衛庁長官は、激怒して山中を長官室に呼びつけた。SACO最終報告通りに辺野古沖移設を主張する山中に、「辺野古沖に代わる移設の選択肢を検討してほしい。このままでは君の得にはならない」と路線の変更を要求したが、山中は「私は自分自身の損得で仕事をしているわけではありません」と反論して、両者の亀裂は決定的になってしまった。

衆院解散直前の八月五日、政府は山中を退任させて、後任の防衛施設庁長官に防衛庁官房長の北原巌男を充てる人事を閣議決定する。防衛事務次官の守屋は留任した。普天間飛行場移設問題で事実上山中を更迭した背景には、防衛庁が二橋―山中ラインを断ち切る狙いもあった。

ここで政府内の対立構図をもう一度整理しておくと、「SACO最終報告に沿った現行計画に固執する外務省とこれに同調する二橋」対「過去の合意に縛られず既存の米軍基地への早急な移転を主張する防衛庁」となる。小泉は後者を支持していた。

大野と守屋は当初、普天間飛行場のヘリポートを嘉手納基地に統合する案を練っていた。具体的には、嘉手納基地周辺の住民が米軍機の飛行差し止めを求めている(「新嘉手納基地爆音訴訟」）ことに配慮して、ヘリポートを持ってくるかわりにF15戦闘機の一部を海外に、P3C哨戒機十機を海上自衛隊鹿屋《かのや》基地（鹿児島県）に、KC135空中給油機十五機をSACO最終報告通りに岩国基地にそれぞれ移すことを求める考えだった。

六月十三日夜、首相官邸五階の会議室で、小泉は行きつけの和食店「津やま」から特別弁当を取り寄せて、琥珀色のワインと冷酒を飲みながら、大野、守屋、二橋と会食した。

大野と守屋は九月の国連総会に合わせて2プラス2を開き、米軍と自衛隊の任務と役割、基地再編の大枠を合意したうえで、地元自治体と調整し、二〇〇五年末までに日米首脳会談で決着させるシナリオを小泉に示した。

日米地位協定の規定により、米軍施設への移転であれば法的には自治体の同意はいらないし、反対運動にも阻止されにくい。大野と守屋は「既存の米軍施設に移転しなければ普天間はいつまで経っても動かない」と小泉に訴えた。

「はじめから『あれはできない、これはできない』とこちらから決めてかかってはいけない。同盟関係にあるんだから、自分で抑制しないで、負担軽減を求める日本の案を思い切ってアメリカにぶつけてみればいいじゃないか」

説明を聞き終えた小泉は、嘉手納統合案に理解を示してハッパを掛けた。防衛庁主導の対応を小泉が認め、小泉―守屋ラインが再確認された瞬間である。

普天間移設問題の漂流

実は同じ〇五年六月十三日、沖縄県北部の建設業者や市町議会議員らが組織する県防衛協会北部支部が総会を開き、名護市辺野古海域で現行計画より陸地に近い浅瀬を埋め立て、代替施設の規模も大幅縮小して建設する独自案の促進を決議していた。現行計画が最深二十五メートルの沖合を埋め立てる大工事で、完工まで十二年半を見込むのに対し、独自案は現行計画の半分近くまで規模を縮小し、工期を三年以内と試算した。

米政府はこの「辺野古縮小案」に強い関心を示した。これなら辺野古沖を方向付けたSACO最終報告に矛盾しない。しかも現行計画にくらべれば、サンゴ礁など環境への影響が小さく、早期移設が可能になるという判断である。米国の意向を最大限に尊重して、外務省もこれに同調した。

日米審議官級協議ではまず、嘉手納統合案がつぶれた。米国が「抑止力の堅持」を理由に、F15戦闘機の海外移転を明確に拒否したからだ。ヘリ部隊の嘉手納統合案は過去にSACOで協議されたが、固定翼と速度や航法が異なる回転翼機との共同運用は危険性が高いとして、米空軍が強く拒否してお蔵入りした経緯もある。

防衛庁は次善の策として、キャンプ・シュワブ内陸部の演習場に千三百メートルの滑走路を造って、そこに普天間飛行場を移設する構想をあたためていた。九月二十二日、小泉は首相官邸で細田官房長官、町村外相、大野防衛庁長官と会談して、キャンプ・シュワブ内陸の陸上案を米国に公式に打診することを内諾した。

その四日後にワシントンで開かれた日米審議官級協議で、日本側は陸上案に理解を求めたが、ローレス国防副次官は、周辺に実弾射撃訓練の演習場を新たに見つけ出さなければならないことや飛行ルートの制限による運用上の支障に加え、周辺に集落が点在することから、「これは『フテンマ・ジュニア』であり、墜落の危険と騒音の問題が出てくる」と受け入れを拒んだ。

そもそも米国にしてみれば、普天間飛行場の移設は日米両政府間でとっくに合意済みの話である。つまり日本政府と沖縄県の調整の問題であり、米国の責任ではない。「日本国内で話がつかないから、既存の演習場に押し込んでくるのではないか」という強い不信感が、受け入れ拒否の背後にあった。日本政府に沖縄県を説得する決意と覚悟があるか、米国は普天間移設問題でその一点を見極めようとしていた。

十月二十六日昼、日米両政府はキャンプ・シュワブ沿岸の辺野古崎にある海兵隊兵舎地区を中心に、辺野古浅瀬と大浦湾にまたがる形で全長約千八百メートル（滑走路約千五百メートル）の代替施設をつくる「陸と海の折衷案」で合意した。

この日の朝、防衛事務次官の守屋は小泉をひそかに訪ねて意志を確かめている。三日後の二十九日には再編協議の「中間報告」合意のための日米安全保障協議委員会（2プラス2）がワシントンで予定されていた。普天間飛行場の移設先が事前に決まらなければ、これが吹き飛ぶ可能性があった。

「2プラス2を吹っ飛ばしてもかまわない。防衛庁案（陸上案）で押し切れ」

小泉は強気を押し通した。

合意された「陸と海の折衷案」は米国が防衛庁案に歩み寄ったように見えるが、もともと陸上案の実現を目指していた防衛庁が大幅に譲歩した結果にほかならない。公有水面埋立法で海域の使用許可権限を沖縄県知事が握っている以上、わずかでも海域に滑走路がかかれば、行政手続き面でのハードルは「浅瀬案」と基本的に同じである。政府は海域の使用許可権限を知事から国に移す特別措置法を制定する方針だが、沖縄は強く反発しており、その行方は予断を許さない。

一方、米国は移転にかかる費用を日本負担とすること、運用に支障を来さないこと、そして何より確実かつ早急に移設することを条件として、「キャンプ・シュワブの敷地内には侵入させない」というメンツを捨て「実」を取った。

国防副次官のローレスは合意直後に在日米国大使館で記者会見し、「防衛庁が提示した移設先を受け入れることにした」と全面的な譲歩をしたように印象付けた。そして「日本政府は防衛庁案が実行可能で迅速、完全に履行されると強調し、沖縄と日本の人々に普天間基地を返還できると確実に保証した」と言葉を続けた。これが実際に動き出さなければ、その責任は日本にあると圧力をかけるとともに、今後の交渉で優位に立つことを狙ったのである。

実態にもまして花を持たされた格好の日本政府、特に防衛庁が早期の移設に向け、これから払わなければならない代償は大きい。

あくまでも抑止力重視

再編協議にのぞむ米国の基本方針は、あくまでも抑止力の維持、あるいは強化であり、日本側の求めた「負担軽減」はその枠内での原則に過ぎなかった。たしかに米国が譲歩したかに見える計画もある。しかしよくよく検討すれば、いずれも軍事的な支障が出ない範囲にとどまる、巧妙な「アメ」である。

一方、日本側は「抑止力の維持」と「負担軽減」を同列に並べて再編協議にのぞみ、マスコミを通じて国民にもこの二大原則だけを繰り返してきた。したがって、米国の目には日本が負担軽減を強調しすぎると映り、日本は日本で、米国が抑止力を最優先して負担軽減を軽視していると受け止めた。共通戦略目標の策定後、米国が抑止力強化の路線に転じたとの見方が日本政府内に浮上して、報道でも紹介されたが、これは必ずしも正確ではない。論点が絞られてくるにつれて、米国の原則が明確化しただけである。

米国は在日米軍の削減・縮小が困難な理由について、「アジア太平洋地域は欧州よりも広大であることに加え、北朝鮮情勢や中国と台湾の問題など不確実性と不安定性が存在し、新たにテロの脅威も出現しており、緊急事態が起きる可能性のある北東アジアに近接して配備する必要がある」と説明する。

また、在韓米軍と比較して、なぜ在日米軍の縮小が困難なのかについては、「韓国軍と在韓米軍は『矛と矛』の関係にあり、在韓米軍は韓国軍の能力の向上に応じて削減が可能だが、自衛隊と米軍の関係は『盾と矛』の関係にあり、自衛隊が矛の役割を果たさない限り、在日米軍の縮小は困難だ」と述べている。

憲法上の制約は、たしかに在日米軍の削減が一筋縄では進まない核心を突いているが、だからと言って、米軍という「矛」を将来にわたって現状のまま固定させる必然性がどこまであるのだろうか。米軍再編を契機として、自らの意志で安全保障を問い直す努力を怠った日本は、米国に切り返す言葉を持たなかった。

もっとも、米国としても、日本の求める「負担軽減」をまったく無視するわけにはいかない。以下、沖縄、神奈川の順に、米国が示した「配慮」の実態を見ていこう。

二〇〇五年三月十五日、国防総省で開かれた審議官級協議で、ローレス国防副次官は第三海兵遠征軍（ⅢMEF、約二万七千人）を統括する司令部（約三百五十人）を、沖縄から撤退させる案を示し、これに各部隊の補給などを担当する支援要員も合わせて千人単位の海外移転になると伝えてきた（その後、四千人と打診。十月二十九日の中間報告は日本本土への一部移転を含めて約七千人と明記）。

米国は協議の席上で、ⅢMEF司令部の移転による負担軽減の努力を強調したが、戦闘部隊本体は移転させない。この案が共同通信の配信記事で報道されると、沖縄県内からは「日本政府がこれを本気で負担軽減の目玉に位置付けているとしたら笑止というほかない」（琉球新報）と批判的な反応が相次いだ。

ただ、この提案では沖縄県が納得しないことを、在沖縄米軍トップの沖縄地域調整官ロバート・ブラックマン（中将）は以前から見通していた。公表されていないが、二〇〇四年十二月二十一日、防衛庁長官室に大野を訪ねたブラックマンは次のように語っている。

「沖縄県民にとっての負担軽減とは目に見える形で基地の存在が減ることであり、駐留米兵の数の問題ではない。五千人の海兵隊員がイラク戦争に派遣されたが、沖縄県民にはそれだけの兵力が減ったことは認識されていない」

米国は協議の最終局面で、普天間移設とのパッケージとして、沖縄県中南部の米軍基地を北部に集約する案を持ちかけてくる。牧港補給地区（浦添市）と那覇軍港（那覇市）を全面返還し、北部のキャンプ・ハンセン（金武《きん》町など）とキャンプ・シュワブに集約、キャンプ瑞慶覧《ずけらん》（宜野湾市など）とキャンプ桑江（北谷《ちゃたん》町）の大半をそれぞれ返還する——との内容だ。

沖縄パッケージのうち、キャンプ桑江、牧港補給地区の一部返還はすでにSACO最終報告で合意した項目の焼き直しに過ぎない。那覇軍港にいたっては一九七四年に日米両政府が返還合意済みの施設だ。普天間移設がふたたび頓挫すれば、先送りの歴史が繰り返される恐れなしとは言えない。

普天間飛行場の有事輸送機能は航空自衛隊の築城《ついき》（福岡県）、新田原《にゅうたばる》（宮崎県）両基地で代替して、空中給油機は海上自衛隊鹿屋基地（鹿児島県）に移駐する。米軍嘉手納基地のF15戦闘機も築城、新田原両基地など全国五ヵ所の自衛隊基地に一部移転する方向だが、米軍側は一時的であれ沖縄から離れることに慎重で、その実効性には不透明感が漂う。

神奈川パッケージ

在日米軍再編計画のうち、米国は陸軍第一軍団司令部を司令部機能ユニット（UEX）

に改編して、キャンプ座間に移転する案にもっとも強い執念を見せた。たとえるなら、司令部の強化は日本国内だけの「屋内改築」で済む問題ではなく、アジア太平洋地域の再編の中で「柱を取り替える作業」と位置付けていた。

陸軍司令部のキャンプ座間移転を実現させるには、神奈川県の理解と協力が不可欠である。日米両政府は、米海軍厚木基地（神奈川県）の空母艦載機部隊を海兵隊岩国基地（山口県）に移転させる「アメ」と抱き合わせることにした。これが、いわゆる「神奈川パッケージ」の柱である。

空母艦載機部隊を岩国基地へ移転させる案は、当初、米国にとって付随的な再編に過ぎなかった。しかし、キャンプ座間への新司令部の移転協議が予想以上に難航したことから、防衛庁の要請を受ける形で緊急性の高い再編案に格上げしたのである。米国は「厚木基地の混雑・交通の密集、騒音の減少に取り組む」として、厚木基地には捜索救難のヘリ部隊だけを残留させる案を示した。

厚木基地は、都市化の波で市街地に取り囲まれた米軍基地の象徴である。

一九七七年九月二十七日には、横浜市緑区（現在の青葉区）の住宅に、厚木基地から飛び立った米軍のファントム偵察機が火を噴いて墜落した。乗員二人はパラシュートで脱出したが、民家三棟が焼け、全身やけどを負った幼児二人が死亡、七人が重軽傷を負う惨事が起きている。また、一九八二年からは夜間離着陸訓練（NLP）が本格的にはじまり、騒音被害が深刻化した（その後、硫黄島の暫定的な代替施設に訓練の大半が移された）。

米軍は依然、厚木基地でNLPの一部を実施しているが、基地周辺は人口が過密化して夜間の照明が明るくなり、漆黒《しっこく》の洋上での着艦を想定した訓練にはそぐわなくなっている。つまり、実利が減って危険性が高まる厚木基地から空母艦載機部隊を移転させることは、決して米国の譲歩ではない。しかも、岩国市や山口県が仮に受け入れを決めた場合には、米政府は移転にかかわる経費をすべて負担するよう日本側に求めてくるだろう。米国は財政的なことも視野に、長期的な戦略に基づいて「ポスト厚木基地」を考えている。

普天間移設先の決定で在日米軍再編に関する中間報告の内容が固まってからわずか二日後、米政府は、横須賀基地を事実上の母港とする通常型空母のキティホークが二〇〇八年に退役した後に、原子力空母を配備すると発表した。これに対し日本政府はただちに受け入れを表明している。

神奈川県や横須賀市が原子力空母の配備に強く反対する中、国民的な論議をまったく省いた、完全な抜き打ちだった。もし再編協議がまとまる前に原子力空母の配備を表明すれば、「神奈川パッケージ」が吹き飛びかねないと米国は警戒していた。そこで、再編協議が政府レベルで後戻りできない段階に至るのを待って、一気呵成に動いたのである。

遊休施設の返還

日本政府は神奈川県の要望を踏まえ、米陸軍の物資保管に使われている「相模総合補給廠《しょう》」（相模原市）の返還も求めた。これも厚木基地の空母艦載機部隊と並び、キャンプ座間への新たな司令部を受け入れてもらう環境整備の一環である。

二〇〇五年四月八日、ハワイで開かれた日米審議官級協議で、日本側は在日米軍施設のうち、米軍が実際には使用していないか、利用頻度の低い「遊休施設」の返還を要請した。日本国内の米軍施設百三十五のうち、米軍専用の施設は八十八ヵ所ある。このうち防衛施設庁が事実上の遊休施設と判断しているのは、牧港《まきみなと》補給地区（沖縄県）や多摩サービス補助施設（東京都）、赤坂プレスセンター（同）など三十二ヵ所にのぼる。この三十二ヵ所のリストを米国に渡して返還を求めており、目玉が相模総合補給廠だった。

相模総合補給廠は旧日本陸軍工廠で、一九四九年に米陸軍が接収した。面積は約二百十四ヘクタールにおよび、朝鮮戦争とベトナム戦争では米軍の重要な兵站《へいたん》補給の拠点となった。現在は、陸軍が生活用品や武器・弾薬の保管、装備の修理などに使用しており、稼働率はベトナム戦争当時に比べて低いとされるが、米軍にとって、横浜港のノースドック、横田基地と合わせて、有事に対応する輸送・集積の重要な三点セットと言われている。

日本政府は相模総合補給廠のうち平時の不要部分を返還させて、そこにヘリポートを新設し、「防災・危機管理センター」とする構想を持っている。米国は四月の審議官級協議では、「有事の際には利用価値が大きい。物資集積や装備の修理を担う重要な戦略拠点だ」として返還を拒否した。その後方針を転換して、占有面積の一部を返還する方向で調整しているが、有事の際には米軍が優先使用することを条件としている。

「制服組」の連携

キャンプ座間をめぐっては、以上のような「神奈川パッケージ」のほかにも、新たな展開があった。二〇〇六年に日本が新設を予定している中央即応集団の司令部を、キャンプ座間に置くというのである。

中央即応集団とは、自衛隊の海外活動や国内テロ対応を目的に作られる組織である。ゲリラ攻撃に対処する特殊作戦群やPKO要員の教育隊など、およそ四千八百人からなる。司令部は当初、朝霞駐屯地（東京都練馬区など）に置かれる予定だった。しかし、二〇〇五年三月の日米協議で、中央即応集団の任務と役割に着眼した米国が、改編して移転する陸軍第一軍団司令部と連携させたいとの要望を伝えたことで、キャンプ座間に司令部を置く方針に転換した。

米国は、「キャンプ座間の米陸軍新司令部は日本および極東の安全保障が主要な任務になる」と説明している。日米双方の了解で成り立つ建前論は、米国側が「在日米軍の活動範囲は必ずしも地域にとらわれない」という本音を、公式の見解として表明した瞬間に瓦解してしまう。日本側は、たとえ建前論であっても「極東条項」の範囲内であることを米国が確認して、その立場を貫いてくれれば、従来の政府見解や国会答弁と矛盾せず、受け入れ可能と判断した。

だが、二〇〇四年十二月に閣議決定された新防衛計画大綱には、「我が国に対する本格的な侵略事態生起の可能性は低下する一方、我が国としては地域の安全保障上の問題に加え、新たな脅威や多様な事態に対応することが求められている」と明記されている。日本本土で本格的な着上陸作戦が起きる可能性が低いにもかかわらず、なぜ米陸軍の司令部が強化されるのか、中央即応集団司令部との連携で何を目指しているのか、その明確な理由は日米協議の場でも実は説明されていない。

二〇〇五年二月十日には陸上幕僚長の森勉が、ファーゴ太平洋軍司令官と会談して、日本政府の公式な見解が示されていないにもかかわらず、「統合任務部隊の司令部（米陸軍新司令部）がキャンプ座間にくることは軍事的に見て非常に大きな意味がある」と歓迎する意向を伝えている。ファーゴは「地元住民に新たな負担がかからないよう努力する。新たな司令部を設けることで、米軍と陸上自衛隊双方の改革に向けて緊密な連携が可能になる」と意義を説いた。

政治の不在、そして過剰な基地負担を強いられている沖縄県、米軍再編で移転候補地となった神奈川県や山口県など関係自治体の首長が、協議の内情をほとんど知らされない状況で、「制服組」同士の既成事実だけが着々と積み上がっていったのである。

米空軍のお家事情

沖縄の米軍基地、キャンプ座間への新たな司令部移転に並び、再編の三本柱だった横田基地・第五空軍司令部のグアム移転構想はどうなったのだろうか。米国は当初の全面移転案を変更して第五空軍司令部の機能と要員の大半をグアムに移転させる一方、司令官を横田基地に残してグアムからシンガポール、インドまでの一帯を所管させる方針を伝えていた。だがその後、日米安保条約第六条に反するとの日本政府の指摘を受け、「横田基地の第五空軍司令部が残っても日本に所属する第一八、第三五戦闘航空団が作戦を実施する場合にはハワイの太平洋軍司令部から指揮統制を受ける」と表明、ほぼ現状通り横田基地に残ることが決まった。

この背後に、組織防衛を優先させる航空幕僚監部の水面下の動きがあったことはこれまで紹介した通りだが、もうひとつ、太平洋軍司令官のポストをめぐる米軍内部の攻防も大きな影響を与えた。米空軍のお家事情とも言えるものである。

二〇〇四年十月、ブッシュから太平洋軍の次期司令官に指名されていた空軍大将マーチンが、指名を辞退した。この人事を承認するために開かれた上院軍事委員会の公聴会で、共和党上院議員のマケインが、ボーイング社と空軍職員との汚職事件にマーチンも関与した疑惑を取り上げて責任を追及したからだ。マーチンの辞退に伴い、退役予定だった海軍大将ファーゴが一時任務を継続した後、ブッシュ大統領は翌〇五年一月に総艦隊軍司令官ファロンを太平洋軍の新司令官に指名、上院での承認を得て任命された。

マケインは海軍士官学校を卒業した海軍エリートだった。太平洋軍司令部は海軍の牙城であり、これまで司令官のポストをほかの軍種に明け渡したことはない。空軍のマーチンを指名辞退にまで追い込んだマケインの追及には、海軍の既得権益を守る狙いがあったという見方は、今も空軍内で根強くささやかれている。

手中に収めかけた太平洋軍司令官のポストを逃した空軍の青写真は大きく狂った。念願の太平洋軍司令官ポストを獲得できれば、作戦指揮で何の権限も持たない在日米軍司令官のポストを陸軍に引き渡して、兼務する第五空軍司令官や司令部要員の大半を日本からグアムに移しても、組織の基盤を堅持するうえで痛手にはならないと踏んでいたからである。

こうして、米空軍は第五空軍司令部をほぼ現状のまま維持する方向に転じていく。太平洋軍司令官を海軍が占め続ける以上、既得権益を手放すのは得策ではないとの思惑から、元の鞘に収まる結果となったと考えられる。こうした米軍内部の力学を知る日本政府関係者はほとんどいない。

「空の主権」は取り戻せるか

米軍再編に連動して日本政府は、空域の主権の「占領」とも揶揄《やゆ》される、横田基地での管制業務「横田ラプコン」を日本側に返還するよう求めた。ラプコン（RAPCON）とはレーダー・アプローチ・コントロール（Radar Approach Control）の頭文字を連ねた略称で、在日米空軍横田基地の管制官が航空機に対して誘導、助言をする業務を指す。

横田ラプコンの対象空域は東京、栃木、群馬、埼玉、神奈川、山梨、新潟、長野、静岡の一都八県におよんでいる。高度は地域によって異なるが、最大で二万三千フィート（約七千メートル）。民間機が横田ラプコンの対象空域を飛行する場合、米空軍の誘導を受けなければならない。このため、ラプコンが日本に返還されれば、横田空域を通過する民間航空機が増え、飛行ルートの効率化を図ることが可能になる。

仮に「横田ラプコン」を取り戻せたとして、その管制業務を誰にまかせるのかも問題である。防衛庁は「主権国家として自衛隊に移す必要がある」との方針で協議を進めたが、米国は「(日本への返還が決まっている)嘉手納ラプコンの運用状況を見極めたい。そのうえで、航空自衛隊が管制業務を担うのであれば返還を検討する」と条件を出している。これに対し国土交通省は、「横田基地には自衛隊機が常駐していないのに、自衛隊が管制業務を行うのは適当ではない」と難色を示した。管制業務は原則として国土交通省が担当しており、航空自衛隊が管制しているのは自らの航空機を配備している基地に限られている。

横田ラプコンの対象空域の周辺は、民間航空機の運航が過密である。米軍は緊急時の空域の優先使用が確実に担保されない限り、日本への移管には慎重な姿勢を崩さないだろう。首都上空を中心に広がる「空の主権」がただちに日本の手に戻る見通しは立っていない。

二〇〇五年八月までの日米審議官級協議の結果、横田基地の関連では、航空自衛隊の航空総隊司令部(東京都府中市)を横田基地に移して、二〇〇九年度中にミサイル防衛の中枢を担う日米統合作戦センター(「共同統合運用調整所」)を新設する方針が決まった。

一方、米空軍はミサイル防衛や対テロ戦への即応態勢を強化するため、海外の航空団を再編して、米内外の主要基地に計十ヵ所の「戦闘司令部」(仮称)を創設する予定でいる。

当初は横田基地の第五空軍司令部をグアムの第一三空軍司令部に移して、「戦闘司令部」の一つに改編する計画だったが、二〇〇四年秋に太平洋空軍司令官に就任したへスターがハワイ強化路線を主張して、第一三空軍司令部のハワイ移転が決まった。ハワイの太平洋空軍司令部にある既存の航空管制センターを強化して新司令部を設置したほうが、経費と要員の両面で効率的と判断したからである。

「グアムの空軍司令部がハワイへ移転」。二〇〇五年三月二十三日、グアムのパシフィック・デイリー・ニューズが現地司令部の話として、第一三空軍司令部をグアムのアンダーセン基地からハワイ・ヒッカム基地にある太平洋空軍司令部に移転させる構想を伝えると、日本外務省は確認に追われた。外務省は「戦闘司令部」のハワイ新設構想を知らされていなかったからだ。

だが、航空幕僚監部は一月の時点で、在日米空軍幹部から、第一三空軍司令部をグアムからハワイへ移転し、第五空軍司令部は機能・要員ともほぼ横田に残ると打ち明けられている。在日米空軍副司令官ベーカーはこのとき「偉大なる勝利だ」と、米軍と自衛隊の独自ルートの「成果」を自賛した。

消えた本土移転構想

第3章で紹介した通り、米国は、普天間飛行場の名護市辺野沖移設の確約および不可能な場合の代替移設先の検討に加え、二〇〇八年以降に海兵隊の砲兵、歩兵両部隊を中心に約二千六百人を本土に移転する案を提示していたが、これがいつの間にか立ち消えになってしまった。なぜ本土移転構想は消えたのだろうか。

日米審議官級協議では、陸上自衛隊の東千歳駐屯地（北海道千歳市）、矢臼別演習場（同別海町など三町）、東富士演習場内の「キャンプ富士」（静岡県御殿場市）に移転する案が俎上にのぼった。

このうちキャンプ富士は二〇〇四年七月の段階で米国側が地元の強い反発を理由に断念を伝え、候補地は東千歳駐屯地、矢臼別演習場に絞られたが、日本政府はいずれも前向きに検討しなかった。矢臼別演習場については、海兵隊部隊を移転して米兵の住宅や厚生施設を整備すると、演習場の半分近くが使用できなくなるなどとして、陸上自衛隊が難色を示した。防衛施設庁は、海兵隊部隊を東千歳駐屯地に移して、矢臼別演習場で訓練してもらう独自案も描いていた。だが千歳市は町村信孝外相の選挙区であり、外務省の配慮も働いて、本土移転構想はたなざらしとなった。

前述した通り、米海兵隊自らが本土移転に積極的だったわけではない。ラムズフェルド国防長官の意向と「負担軽減」を求める日本政府の双方の板挟みになる形で、米国が提示してきたに過ぎない。日本側が積極的な姿勢を見せない以上、米国側が本土移転を強く求めなくなったのは必然的な成り行きだった。

「沖縄の基地負担軽減」という考えに反対する者はいない。しかし、それが我が身に降りかかるとなると保守、革新を問わず反対一色に染まってしまう。総論賛成、各論反対である。政治の決断と説得がなければ、基地が固定化する構図を変えることはできない。

司令塔の不在

共通戦略目標の策定以降、米国は新たな課題を日本に問いかけてきた。二〇〇五年五月、ワシントンで開かれた審議官級協議で、世界規模での協力体制の構築を目指し、「アライアンス・トランスフォーメーション（同盟変革）」との表現で、日米同盟の強化を提唱したのである。

これは在日米軍再編を通じて米国が狙う核心のひとつであり、地球規模での米軍と自衛隊の連携を規定する新たな防衛協力指針の策定を想定している。米国は「日本の内在的な制約が日米同盟を制約してきた」との見解を示したが、これは自衛隊による集団的自衛権の行使までを視野に入れた発言にほかならない。再編協議の難航で、新たなガイドラインの策定問題は先送りされる形となったものの、日米間で次の大きな焦点として浮上してくるに違いない。

一方、首相官邸はこのころから、小泉の悲願である郵政民営化の関連法案の準備と成立に向けた対応一色に染まり、在日米軍再編問題は外務省と防衛庁から協議内容の報告を受ける待ちの姿勢に終始していた。

小泉がその言葉とは裏腹に、優先課題として在日米軍の再編問題に取り組んでこなかったのは、郵政民営化への強い執着心だけが理由ではない。小泉政権の最大基盤は世論である。沖縄の負担軽減をはじめとする再編問題が世論の耳目を集めていれば、小泉は外務省や防衛庁に明確な指示を出して、自治体との調整の準備にも早い段階から取り組んでいただろう。

町村外相は〇五年八月の衆院解散後、ライス国務長官に、総選挙で在日米軍再編協議に遅れが生じると書簡で通知したが、国務省報道官マコーマックは八月十六日の記者会見で「有益で前向きな実務レベルの協議は継続していく。それは向こう数十年にわたり日米同盟が強固であり続けることにもつながる。総選挙後の早い時期に、ハイレベルの協議再開を期待している。日米双方にこのプロセスを前進させる熱意があると信じている」と述べて、総選挙を理由とした問題の先送りに予防線を張った。

翌日に来日したローレス国防副次官は、額賀福志郎、久間章生《きゅうまふみお》、石破茂ら防衛庁長官経験者らと相次いで会談して、「再編協議は米軍のためにだけ行っているのではない。自衛隊との役割を見直すことで抑止力も高まる。衆院選で再編協議は止まった形になっているが、年内合意に向けて間断なく、スピーディーに協議を進めていきたい」とくぎを刺した。このときローレスが漏らした言葉は、米国側の不信と不満を凝縮して、日本政治の構造的な問題を活写していた。

「日本政府では一体、だれが、どこで物事を決めているんですか？　私にはまったく理解できない。この国には、政治的な意志がない（No political will）」

政治的な意志やリーダーシップが不在の状況で、日米両政府間の公式な外交ルートではない自衛隊と米軍の接触や画策が、安全保障政策の方向性に影響を与えている。神奈川県の横須賀基地では米海軍第七艦隊司令部と海上自衛隊の自衛艦隊司令部が密接に連携してきた。アフガニスタン攻撃後、十分な論議を経ないまま海上自衛隊艦船をアラビア海に派遣することとなった原動力も、この緊密な関係にある。

今回の再編が計画通りに進めば、米空軍横田基地への航空総隊司令部の移転、米陸軍司令部が強化されるキャンプ座間への中央即応集団司令部の新設により、航空自衛隊と陸上自衛隊も恒常的に米空軍や陸軍とのコミュニケーションが可能となるのは間違いない。

受け身で場当たり的な対応を繰り返す政治不在のこの日本で、米軍と自衛隊の連携強化は、双方の恣意的な行動の温床になってしまうのではないか。米国が自らに都合の良い方向へ安全保障政策を誘導していく危険性も内包しているのではないか。封印された事実の断片は、米軍再編後の日本外交の課題を暗示しているのかもしれない。

本来は、政治が安全保障政策をリードすべきであり、「制服組」による既成事実を追認するだけの判断は避けなければならない。米軍と自衛隊の連携を適切にコントロールする識見と指導力が、日本の政治に問われている。

あとがき

この日米攻防の同時代史はまだ完結していない。

十月二十九日夜（米東部時間同日朝）、日米両政府は外務、防衛担当閣僚による2プラス2をワシントンで開いて、在日米軍再編に関する中間報告を合意した。日本政府は今後、関係自治体との調整を急ぎ、二〇〇六年三月までに最終報告を米国と確定させる方針だ。

どのような結末を迎えるにせよ、過程を抜きにしてそれは評価し得ないと思う。われわれの生活を下支えしている安全保障問題を、一部の専門家や官僚だけの議論に委ねてはならない。交渉の経過を検証することにより、とかく専門的になりがちな安全保障政策をめぐる外交に、できるだけ多くの国民が関心を寄せてほしい。私はそう考え、再編が軌道に乗って動き出す前に攻防の経緯を振り返った。

これまでも各報道機関がその時々の再編協議を報じてきたが、日本政府は、経緯と背景の全体像を明確に示してこなかった。日米両政府の発表は、当たり障りのない内容に限定されている。発表とその裏に秘められた事実を重ね合わせることでしか、日米協議の本質は見えてこない。私は事実の断片を積み上げることで、できるだけ交渉の核心に迫ろうと試みた。

在日米軍は第二次世界大戦後の占領の歴史を引きずった残滓だが、この問題を正面からとらえて見直す動きはこれまでなかった。今回の再編協議は在日米軍を含む過度の対米依存から脱却するチャンスと意気込む官僚もいたものの、政官界で大きな広がりは見せなかった。在日米軍基地周辺の住民が騒音被害や事件、事故の不安にさいなまれる生活を余儀なくされる一方、それ以外の地域で在日米軍の功罪がどれほど意識されてきただろうか。大半の国民にとっては空気のように、その存在さえ認識されていないと思う。

冷戦終結後、米国の一国覇権は特に軍事面で突出している。二〇〇三会計年度の国防費は三千八百億ドル超に上り、これに続くロシアや中国、日本などの十位までをすべて足し合わせてもおよばない。この年度の米国防予算は前年にくらべて四百八十億ドル（一ドル百十五円換算で約五兆五千億円）増え、この増額分だけで日本の防衛予算（二〇〇三年度、約四兆九千億円）を上回る。

国防予算だけではない。ミサイル防衛システムや無人偵察機、ハイテク兵器など軍事科学技術の水準は英仏など欧州主要国のレベルをはるかに凌駕《りょうが》しており、その技術的な格差による相互運用性（インターオペラビリティ）への影響が深刻な問題になっている。日米安全保障関係は、米国だけが日本防衛の義務を負うという片務性だけでなく、その軍事的な物量、質、情報力ともきわめて「非対称」なのである。

米国は現在、歴史上例を見ない超大国であり、やはり予見しうる将来にわたり日米同盟は日本の安全保障に欠かせないのかもしれない。しかし、だからといって、日米同盟や在日米軍のあり方は変える必要がないとは言えないだろう。

日本をめぐる安全保障環境は厳しいが、著しい経済成長を背景に国防を増強する中国がアジアの脅威になると断定するのは早計ではないか。経済発展を継続させるためにも地域の安定は中国にとっても不可欠である。ただ、過去に勃興した大国の歴史を振り返っても、著しい台頭を遂げている中国のパワーを、日米同盟と適応させていくことが決して容易でないことだけは確かだ。そのプロセスに向けて、日本は国家として難しい舵取りを迫られる時代に突入している。

在日米軍再編をめぐる対米交渉を振り返ると、日本外交のいくつかの課題が浮かび上がる。日本政府が確固とした国家意志に基づいて受け身に回ったとは思えない。明確な国家戦略、ビジョンが欠落している。実際、米国が当初、沖縄の負担軽減も含めて日本からのイニシアティブを待っていた時期があったが、思考停止した日本政府は独自の再編案を提示する機会を逸してしまった。

再編問題では外交と軍事戦略、関係自治体との調整、そして政治の指導力が問われたが、日本政府内には国際問題と内政課題を総合調整できるシステムが確立されていない。首相官邸の機能強化の一環として、外交、安全保障、内政それぞれを所管する内閣官房副長官補のポストが新設されたものの、政策決定の主導権は依然として省庁側が握り、再編協議では、外務省と防衛庁の壁の高さがあらためて浮き彫りになった。

在日米軍のあり方や自衛隊の連携を含めて、安全保障戦略を不断に検証しながら将来像を描く頭脳は、いまもってこの国には存在しない。ゆえに、米政府からの要求を受けてから、場当たり的な対応を繰り返して「値切り交渉」する悪循環から抜け出せないでいる。グローバルな視点から日米同盟を位置付ける米国に対し、日本政府は基地移転に伴う関係自治体との調整難航だけを懸念した結果、双方の議論は平行線をたどった。

また、ピラミッド型の階級組織に属する軍人は生来保守的であり、変化を嫌う傾向が強い。これは自衛隊にも言えることであり、再編協議の過程では、組織防衛に動く米軍と自衛隊の姿もかいま見えた。

米軍がラムズフェルド国防長官の主導により、その組織のあり方まで含めた抜本的な見直しに着手しているにもかかわらず、自衛隊の自己変革の努力は十分とは言えない。二〇〇四年十二月に閣議決定された新防衛計画大綱には、陸海空各自衛隊の基地の整理・統合が含まれなかった。米軍再編協議は、日本政府が自衛隊の組織を検証して改革する絶好の機会でもあったのではないか。

二〇〇三年の十一月、ブッシュが同盟国との米軍再編協議を本格化させるという声明を出してから二年になる。その一年前の2プラス2で在日米軍の兵力構成の見直し協議開始を合意して、米国はアジアでもっとも重要な同盟国と位置付ける日本の意志を問うた。韓国やドイツ、イギリス、イタリア……この間、他国での再編協議はほぼ終了して、日本はついに最後尾となった。協議の長期化を日本政府の不作為とみなすか、精いっぱいの抵抗と受け止めるか、その判断は読者に委ねたいと思う。

なお、本書には一部、拙稿「『米軍再編』とひきこもる日本」（『諸君！』二〇〇四年十二月号）を下敷きにした箇所がある。

最後に、出版を許可してくれた勤務先の共同通信社に深く感謝したい。また本書の出版に至るまで構成、文章表現等できわめて的確なアドバイスを頂いた講談社現代新書出版部の川治豊成氏には伏してお礼を申し上げたい。

二〇〇五年十月三十日未明　麻布十番のジョナサンにて

久江雅彦

N.D.C.319 202p 18cm
ISBN4-06-149818-5

講談社現代新書 1818

米軍再編《べいぐんさいへん》——日米《にちべい》「秘密交渉《ひみつこうしょう》」で何《なに》があったか

二〇〇五年一一月二〇日第一刷発行

著者 久江雅彦《ひさえまさひこ》

発行者 野間佐和子
発行所 株式会社講談社
東京都文京区音羽二丁目一二—二一 郵便番号一一二—八〇〇一
電話 出版部 〇三—五三九五—三五二一
販売部 〇三—五三九五—五八一七
業務部 〇三—五三九五—三六一五
装幀者 中島英樹
印刷所 大日本印刷株式会社
製本所 株式会社大進堂
定価はカバーに表示してあります Printed in Japan

「講談社現代新書」の刊行にあたって

教養は万人が身をもって養い創造すべきものであって、一部の専門家の占有物として、ただ一方的に人々の手もとに配布され伝達されうるものではありません。

しかし、不幸にしてわが国の現状では、教養の重要な養いとなるべき書物は、ほとんど講壇からの天下りや単なる解説に終始し、知識技術を真剣に希求する青少年・学生・一般民衆の根本的な疑問や興味は、けっして十分に答えられ、解きほぐされ、手引きされることがありません。万人の内奥から発した真正の教養への芽ばえが、こうして放置され、むなしく滅びさる運命にゆだねられているのです。

このことは、中・高校だけで教育をおわる人々の成長をはばんでいるだけでなく、大学に進んだり、インテリと目されたりする人々の精神力の健康さえもむしばみ、わが国の文化の実質をまことに脆弱なものにしています。単なる博識以上の根強い思索力・判断力、および確かな技術にささえられた教養を必要とする日本の将来にとって、これは真剣に憂慮されなければならない事態であるといわなければなりません。

わたしたちの「講談社現代新書」は、この事態の克服を意図して計画されたものです。これによってわたしたちは、講壇からの天下りでもなく、単なる解説書でもない、もっぱら万人の魂に生ずる初発的かつ根本的な問題をとらえ、掘り起こし、手引きし、しかも最新の知識への展望を万人に確立させる書物を、新しく世の中に送り出したいと念願しています。

わたしたちは、創業以来民衆を対象とする啓蒙の仕事に専心してきた講談社にとって、これこそもっともふさわしい課題であり、伝統ある出版社としての義務でもあると考えているのです。

一九六四年四月　野間省一

政治・社会

経済・ビジネス

趣味・芸術・スポーツ